Lars Vollmer
Zurück an die Arbeit!

Lars Vollmer

ZURÜCK
AN DIE ARBEIT!

Wie aus Business-Theatern wieder echte
Unternehmen werden

Bibliografische Information der Deutschen Nationalbibliothek
Die Deutsche Nationalbibliothek verzeichnet diese Publikation in der
Deutschen Nationalbibliografie; detaillierte bibliografische Daten sind im Internet
über http://dnb.d-nb.de abrufbar.

Hinweis: Aus Gründen der leichteren Lesbarkeit wird auf eine geschlechtsspezifische
Differenzierung verzichtet. Entsprechende Begriffe gelten im Sinne der Gleichbehandlung
für beide Geschlechter.

ISBN 978-3-7093-0612-3 (Print)
ISBN 978-3-7094-0765-3 (E-Book-PDF)
ISBN 978-3-7094-0766-0 (E-Book-ePub)

Es wird darauf verwiesen, dass alle Angaben in diesem Werk trotz sorgfältiger Bearbeitung
ohne Gewähr erfolgen und eine Haftung des Autors oder des Verlages ausgeschlossen ist.

Umschlag: buero8
Satz: Hannes Strobl, Satz·Grafik·Design, Neunkirchen
© LINDE VERLAG Ges.m.b.H., Wien 2016
1210 Wien, Scheydgasse 24, Tel.: 01/24 630
www.lindeverlag.de
www.lindeverlag.at
Druck und Bindung: PBtisk a.s.
Dělostřelecká 344, 261 01 Příbram, Tschechien – www.pbtisk.eu

Inhalt

Kapitel 1

Rituale, Reports und Regierungserklärungen

In den meisten Unternehmen wird viel zu wenig gearbeitet! – Ja, Sie lesen richtig! Die meisten Mitarbeiter UND vor allem die meisten Führungskräfte müssen meiner Ansicht nach deutlich mehr arbeiten, wenn sie wollen, dass ihr Arbeitsplatz auf Dauer bestehen bleibt und ihr Unternehmen floriert. Deutlich mehr!

Im ersten Moment mag das klingen, als hätte ich mich im Jahrhundert geirrt oder würde moderne Unternehmen mit Galeeren oder Steinbrüchen verwechseln. Schon klar. Aber weder bin ich von der Mentalität oder von meinem Beruf her ein altkapitalistischer Hardliner, noch verkenne ich die Zeichen der Zeit. Im Gegenteil.

Dieses Buch ist für mich eine Herzenssache. Und nicht nur dieses Buch – mit meinem ganzen beruflichen Wirken geht es mir ganz besonders um eines: Arbeit muss wieder Freude machen. Sie muss funktionieren, Sinn ergeben und sich dauerhaft lohnen. Meine Vision sind viele,

viele von Arbeit beseelte Menschen in wirtschaftlich erfolgreichen Firmen. Ich wünsche mir, dass möglichst viele Menschen im Gefühl, etwas Sinnvolles gerne und aus freien Stücken zu tun, dazu beitragen, dass es ihnen selbst und vielen anderen Menschen besser geht.

Und darum fordere ich, dass alle mehr arbeiten.

Die Voraussetzung dafür ist: Alle müssen wieder mehr arbeiten dürfen!

Mit alle meine nicht etwa nur den von Meetings Genervten, aber den auch. Ich meine nicht nur den vom Jahresbewertungsgespräch Frustrierten, aber den auch. Ich meine nicht nur den nach dem Assessmentcenter Enttäuschten, aber den auch. Ich meine nicht nur den an der Parteienkarriere gescheiterten Idealisten, aber den auch. Ich meine nicht nur den fassungslos von der Ignoranz seiner Kollegen und Unwirksamkeit seiner Projekte ermatteten internen Berater, aber den auch. Ich meine nicht nur die Führungskraft in Wirtschaft und Gesellschaft, die sich danach sehnt, endlich mal wieder mit *echten* Kunden und *echten* Projekten arbeiten zu dürfen, aber die auch. Ich meine nicht nur die vom ständigen Leistungsdruck zermürbte Fachkraft, aber die auch. – Ich meine damit alle unzufriedenen Mitarbeiter und Führungskräfte in allen möglichen Organisationen in Wirtschaft, Politik und Gesellschaft, die gerne etwas Sinnvolles bewirken wollen, die gerne gute, ehrliche Arbeit leisten wollen, die aber das nagende Gefühl haben, irgendwie gar nicht mehr so richtig Zeit dafür zu haben.

Aber der Reihe nach: Bitte stellen Sie sich zu Ihrem und meinem Vergnügen für ein paar Minuten einmal einen der wunderbarsten Orte der Arbeitswelt vor: den Konferenzraum eines großen Unternehmens!

Es ist 14:53. Fünf Mitarbeiter stehen neben dem großen Designer-Konferenztisch und begrüßen sich. Sie sind ruhig, freundlich, locker und gleichzeitig in gespannter Erwartung wie ein Wolfsrudel, das sich zur Jagd verabredet hat. Sie wissen genau, worum es geht. Und sie wissen vor allem, dass sie in ein paar Minuten gebraucht werden, weil sie die einzig Richtigen dafür sind …

Sie schalten ihre Handys aus. Sie klappen ihre Laptops zu und packen sie weg. Sie legen sich Stift und Papier zurecht und sprechen vorab mit der Protokollantin die Tagesordnungspunkte durch. Die Agenda wurde von der Assistentin der Chefin schon vor zwei Wochen zusammen mit der Einladung verschickt. Außerdem liegen in einem sauber gebundenen Handout die schriftlichen und vorab eingegangenen Stellungnahmen aller Teilnehmer zu jedem Punkt vor. Einer geht nochmal kurz präventiv auf die Toilette, um nachher den Ablauf nicht stören zu müssen. Besser fokussiert kann ein Team nicht sein.

Endlich geht es los!

Nach der Begrüßung durch die Abteilungsleiterin entspinnt sich zu TOP 1 auf der Liste eine Diskussion, die dank der optimalen Vorbereitung aller Teilnehmer fruchtbarer kaum sein könnte. Alle Teilnehmer wirken aktiv mit, argumentieren ausschließlich auf sachlicher Ebene, lassen einander ausreden und respektieren die gegenseitigen Standpunkte. Jeder Beitrag erhält genügend Raum, keiner wiederholt das Statement des Vorredners. Die Beschlüsse werden begleitend für jedermann sichtbar visualisiert. Niemand würde sich erlauben, zwischendurch ein Telefonat zu führen oder gar den Raum zu verlassen. Niemand betritt den Konferenzraum von außen und stört das Meeting. So sind bis zur fünfminütigen Pause um 16:30 Uhr acht der zwölf Tagesordnungspunkte mit einem klaren Ergebnis bereits abgehakt. Gegen 17:15 Uhr ist die Runde mit allen Punkten durch, das Meeting ist beendet. 15 Minuten vor der Zeit. Alle bedanken sich gegenseitig, dann gehen die Teilnehmer mit einem guten Gefühl und den besten Wünschen für einen schönen Feierabend auseinander. Was für eine grandiose Arbeit!

Haben Sie so ein Meeting schon einmal erlebt? Kommen Sie, seien Sie ehrlich! Also ich habe schon tausende Meetings erlebt, sowohl in meinen eigenen Unternehmen als auch in vielen Unternehmen, die ich beraten habe. Aber an ein derart perfektes Meeting kann ich mich nicht erinnern.

Und das ist auch kein Wunder! Denn solche Meetings gibt es in Wirklichkeit gar nicht. Das ist nur Phantasie von Managementromantikern, die mit viel naivem Verve idealistische Zerrbilder unserer Arbeit entwerfen. Ein Wunschtraum von Chefs und Mitarbeitern, die gerne produktiv sein wollen. Zu schön, um wahr zu sein!

In der rauen Wirklichkeit läuft so ein Meeting natürlich ganz anders ab. Die Einladung ist, wenn überhaupt, erst am Vorabend an einen überdimensionierten Verteiler gemailt worden, so dass keiner Zeit hatte, sich gedanklich und inhaltlich darauf vorzubereiten. Die Tagesordnung ist ein Fragment, so dass niemand weiß, worum es genau gehen wird. Da die Mehrzahl der Anwesenden zu den Themen sowieso nichts beitragen kann, ist das aber nicht so tragisch. Die Chefin hat kurzfristig angekündigt, fünf Minuten später zu kommen – „aber bitte fangen Sie schon mal ohne mich an!". Als sie nach 25 Minuten eintrifft, werden die bis dahin abgehandelten Punkte noch einmal neu aufgerollt. Die Diskussion ist zäh und die Beiträge ufern aus. Um Nebensächlichkeiten wird gestritten und Hahnenkämpfe werden ausgefochten. Krawatten zwicken. Die Teilnehmer unterbrechen sich gegenseitig. Folgetermine drücken. Die Klimaanlage ist kaputt. Das Gelaber der anderen nervt. Die Mitteilungsschwaden, die durch den Raum wabern, sind inhaltsarm und konfliktvermeidend weichgespült. Es wird berichtet und präsentiert, Ansprüche werden verhandelt, Anweisungen werden gegeben und Standpunkte werden dargelegt. Das, was wirklich interessant wäre, wenn zum Beispiel ein echtes, drängendes Kundenproblem auf den Tisch kommt, wird sofort von der Chefin weggemanagt. Nur gut, dass alle die Zeit für die Mail-Lektüre auf ihren immer wieder vibrierenden Smartphones nutzen können. Es ist ein Kommen und Gehen wie im Taubenschlag, der Kaffee ist lauwarm und die Protokollantin ist nicht zu beneiden. Gähn. Nach einer knappen Dreiviertelstunde ist die Hälfte der zu besprechenden Themen auf unbestimmte Zeit vertagt. Der Rest wird mehr oder weniger beiläufig abgehandelt, ohne dass neue Erkenntnisse gewonnen werden. Am Schluss ist alles gesagt, aber noch nicht von jedem. Die Chefin schaut auf die Uhr, unterbricht den Kollegen mitten im Satz und bestimmt: „Das war's. Herzlichen Dank. Und nun zurück an die Arbeit!"

Ja, solche Meetings kennen Sie! Da bin ich sicher. Und ich kenne sie auch zur Genüge. In den meisten Unternehmen findet so ein Theater mit beängstigender Regelmäßigkeit statt. Alltägliche Routine!

Meetings sind zu einer echten Plage geworden. Alle leiden darunter. Alle finden Meetings ätzend und machen sich darüber lustig! Aber dennoch sitzen alle in Meetings herum. Für die meisten Menschen, die daran teilnehmen, scheint es ganz normal oder zumindest unvermeidbar: „So ist das halt, wenn Menschen zusammenarbeiten! Für die Arbeit zahle ich schließlich keine Vergnügungssteuer! Hier geht es um's Geschäft. Irgendwie müssen wir doch gemeinsam vorankommen."

Eine zunehmende Zahl von Mitarbeitern hat aber auch ein schlechtes Gewissen und gibt sich oder den Kollegen oder dem Chef die Schuld. Sie spüren, dass diese Meetings unproduktiv laufen, und sehen die Lösung darin, sie einfach professioneller zu organisieren. Nach den Erkenntnissen der modernen Hirnforschung womöglich. Zum Beispiel mit hübsch eingerahmten Besprechungsregeln und ampelfarbigen Kärtchen, die Zustimmung oder Ablehnung symbolisieren sollen. Try harder?

Fail better! Das funktioniert alles nicht! Ich kann Sie nämlich beruhigen: Sie machen nichts falsch! Ein Meeting muss so oder ähnlich laufen! Es läuft auch nicht nur bei Ihnen so, sondern bei den meisten Unternehmen. Überall treffe ich auf Menschen, die davon genervt und gestresst sind. Die auch denken, dass sie oder ihre Organisation etwas falsch machen. Die versuchen, es zu verbessern. Und die es damit, so gut sie es auch meinen, nur noch schlimmer machen. Denn das ideale Meeting, wie ich es am Anfang skizziert habe, gibt es im echten Leben nicht. Das ist kein Zufall: Denn das kann es so gar nicht geben.

Und davon abgesehen: Ich bin sogar der Meinung, dass selbst solche perfekten Meetings, wenn es sie denn gäbe, in den meisten Fällen Zeitverschwendung und auf Dauer ebenso eine Plage wären!

Das Problem ist tatsächlich nicht die schlechte Ausführung von Meetings, sondern der Anspruch an sie. Sie sind das falsche Tool für die richtige Aufgabe. Oder sie sind das richtige Tool für die falsche Aufgabe, ganz wie Sie möchten. Sie sind der Schraubenzieher, mit dem Sie den Nagel in die Wand treiben wollen. Oder sie sind der Hammer, mit dem Sie eine Schraube in die Stahlstrebe versenken wollen.

Dass da etwas falsch läuft, liegt nicht an den Menschen und ihren mangelnden Fähigkeiten, sondern an der Art und Weise, wie diese Menschen ihre Arbeit organisieren. Dass sie es zum Beispiel mit ritualisierten

Meetings versuchen, anstatt miteinander zu reden. Nicht die Kollegen oder die Chefs sind blöd. Das Instrumentarium, das sie nutzen, ist blöd.

Und nochmal zum Mitlesen: Nicht das Instrument Meeting an sich ist falsch, schlecht oder nervig. Nur liegt sein Zweck eben nicht darin, Informationen auszutauschen oder Entscheidungen herbeizuführen. Und deshalb kann so ein Friede-Freude-Eierkuchen-Meeting, von dem ich zu Beginn des Kapitels fabuliert habe, katastrophale Zeitverschwendung und hoch unproduktiv für das Unternehmen sein, auch wenn es sich super-professionell anfühlt. Warum das so ist, erläutere ich später noch genauer, nur Geduld!

Die Folge davon ist jedenfalls, dass viele Mitarbeiter in den meisten Unternehmen, ganz gleich, ob sie die Meetingrituale für unvermeidlich halten oder sich selbst die Schuld am Misslingen geben, in wachsendem Maße darunter leiden. Und ihre Chefs leiden genauso!

Und ich meine echtes Leid! Ein Leiden, das sündhaft teuer ist und auf Dauer krank macht. Ein Leiden, das Menschen auf Dauer nicht ertragen, das sie zur Kündigung treibt, zu ausgedruckten und unterschriebenen genauso wie zu inneren Kündigungen. Manche lästern hinter vorgehaltener Hand über die Meetings und rollen vor dem nächsten Jour fixe mit den Augen. Und immer mehr beklagen sich auch lauthals: So eine Zeitverschwendung! So ein Theater! Und die Arbeit bleibt liegen!

Die Arbeit? Bleibt liegen? … Jetzt wird's spannend. Lesen Sie das ruhig noch einmal. Etwas, das in den meisten Unternehmen so viel Raum einnimmt. Etwas, für das alle anderen Arbeiten unterbrochen und liegengelassen werden. Etwas, das so viele Ressourcen bindet (acht Teilnehmer mal zweieinhalb Stunden gleich zwanzig Personenstunden!). Das soll *keine* Arbeit sein?

Genau. Es ist keine Arbeit.

Und die Menschen wissen das intuitiv. Nach meiner Beobachtung empfinden die meisten solche Veranstaltungen tatsächlich als etwas, das sie von der Arbeit abhält. Sowohl die Mitarbeiter als auch die Führungskräfte leiden schwer unter dem Gefühl, nicht genug zur eigentlichen Arbeit zu kommen. Denn, verdammt nochmal, sie wollen doch arbeiten!

Manchmal kommt es ihnen so vor, als wären sie nichts weiter als Darsteller in einem Theaterstück, das jemand anderer geschrieben hat. Es ist ihnen, als ob sie in diesem Stück nicht sie selbst sind, sondern jeder von ihnen eine Rolle spielt, die nicht zu ihm oder ihr passt. Eine Fehlbesetzung, wie Lukas Podolski, wenn er nicht in Köln spielen darf. Und ihr heimlicher Stoßseufzer, den nur die Kollegen nicht hören dürfen, ist: „Ich habe die Schnauze voll von dem Theater!"

Die Frage ist dann nur: Wenn es keine Arbeit ist. Was ist es dann?

Tja, das ist gar nicht so einfach zu erklären. Vor allem ist es zu wichtig, um darauf eine pauschale, oberflächliche, unpräzise oder gar polemische Antwort zu geben. So viel kann ich an dieser Stelle schon dazu sagen: Es ist eine teure Art von Beschäftigung, die auf eine ganz bestimmte Weise wertlos ist. Solche Beschäftigungen bewirken durchaus etwas im Unternehmen, sie sind keineswegs ohne Effekt. Aber dieser Effekt, diese Wirkung ist außerhalb des Unternehmens bedeutungslos. Es ist quasi organisationelle Selbstbefriedigung.

Warum das so ist, warum das so wichtig ist, wie es dazu gekommen ist und wie Unternehmen organisiert sein müssen, damit der Großteil der Beschäftigungen der Mitarbeiter wieder Arbeit genannt werden kann, das alles werde ich in diesem Buch mit Ihnen untersuchen und klären. Folgen Sie mir?

Gut, dass wir miteinander gesprochen haben

Mir fällt gerade auf, dass ich bis jetzt nur von Meetings erzählt habe. Aber es geht ja nicht nur um Meetings! Die sind auch kein Problem, sondern nur ein Symptom, das eine allgegenwärtige Ursache hat. Und Sie und ich kennen selbstverständlich noch viele weitere Symptome. Die passende Frage danach ist ganz einfach: Welcher Teil Ihrer Arbeit hält Sie denn noch von der Arbeit ab?

Ich denke mal laut für Sie mit, denn anders geht das in einem Buch ja auch gar nicht: Direkt nach *Meeting* kommt im Wörterbuch des Schreckens das Stichwort *Mitarbeitergespräche*! Ja, die turnusmäßigen Pflichttermine für fachliche und disziplinarische Vorgesetzte und deren Untergebene. Der richtige Zeitpunkt für Bewertungen, Ziele, Kritik, Lob und allgemeines Feedback … wie schön!

Sobald Sie kein naiver Business-Rookie mehr sind, sondern Ihre Portion Desillusionierung bereits geschluckt haben, wissen Sie, dass das in etwa so aussieht: Sie werden ins Besprechungszimmer des Chefs zitiert und müssen zwanzig Minuten ausharren, während der Ledersessel hinterm Schreibtisch erst einmal leer bleibt. Als der Chef endlich auftaucht, hat er wenig Zeit und ist schlecht vorbereitet. Konkret um die Leistung, die Probleme der Arbeit, den Kunden, die Arbeitsorganisation, Innovationen und Verbesserungen geht es in keinster Weise. Stattdessen sagt der Chef, dass es bei Ihnen doch im Großen und Ganzen recht gut laufe, aber natürlich trotzdem noch Luft nach oben sei. Und wie schwierig doch die Lage da draußen gerade sei, da müssten jetzt alle noch etwas Tempo und Power drauflegen. Über Ihr Gehalt mag er heute auch nicht sprechen, da die Vorgaben aus der Zentrale für das Personalkostenbudget immer noch auf sich warten lassen. Das war's, nach weiteren zwanzig Minuten stehen Sie wieder draußen im Flur. „Gut, dass wir mal wieder miteinander gesprochen haben …". Wirklich gut? Und wie fühlen Sie sich jetzt?

Klar, so ein Mitarbeitergespräch könnte man besser machen. Aber so oder so: Es macht keine Freude, weder dem Chef noch dem Mitarbeiter. Beide finden es lästig und unersprießlich, aber es gehört heute zum unerlässlichen Pflichtprogramm vieler Unternehmen, Teams und Abteilungen, dem sich beide Seiten auf gar keinen Fall entziehen dürfen. Und wenn sich beide auch noch so viel mehr Mühe geben würden: Sie können es prinzipiell gar nicht so gestalten, dass während dieser zwanzig Minuten Machtdemonstration irgendein Wertschöpfungsbeitrag erzielt werden könnte. Um dem Mitarbeiter dabei zu helfen, besser zu arbeiten, mit ihm neue Vorhaben ins Visier zu nehmen, gemeinsam zu lernen oder Widrigkeiten aus dem Weg zu räumen, könnte der Chef jederzeit und sofort ganz normal mit ihm reden. Und die meisten tun es sogar, ganz ohne ritualisierte Agenda in festem Turnus. Dazu nehmen sie ganz normale menschliche Kommunikation in Gebrauch. Gestik, Mimik und Sprache. Gesprochene

Sätze. Wörter: „Hey, hast du's mal so oder so versucht? Das dürfte besser klappen.", „Du, das war stark!", „So, wie du das machst, bekommen wir hier drüben Schwierigkeiten. Lass uns das mal anders anpacken, komm bitte mal rüber und schau dir das hier an!"

Obwohl sie fast immer überflüssig sind, obwohl sie nerven und unendlich Zeit kosten, setzen sich Mitarbeitergespräche dennoch in der ganzen Breite der Wirtschaft in den Köpfen immer weiter als normal fest: Als ein *Das-macht-man-so*, als ein Ausweis von Professionalität in der Führung. Interessant, nicht wahr? Der Grund dafür ist: Dieses soziale Phänomen hat tatsächlich einen Nutzen. Die Frage ist nur, welchen und für wen!

Für den Kunden jedenfalls nicht.

Auf dem Basar

Oder schauen wir uns mal Budgetverhandlungen an, auch so ein faszinierendes Stammesritual. Da treffen in einem Unternehmen beispielsweise die Leiter der Regionalstandorte mit dem Deutschlandchef plus andere Länderchefs samt deren Werksleitern mit dem Europachef zusammen – eine riesige Konferenz von Führungskräften aus mindestens drei Hierarchiestufen. Vorausgegangen sind hunderte E-Mails, Videokonferenzen, versandte PowerPoint Slides und gewichtige Zwei-Ohren-Gespräche, also Telefonate. Eine Megakonferenz, enorm wichtig.

Nach und nach präsentieren jetzt die Vertreter jedes Landes ihre jeweiligen Planzahlen. Für Produktionsmengen, Bestandshöhen und Absätze. Sie melden geplante Großinvestitionen an und welche Ressourcen personeller und materieller Art dafür benötigt werden.

Die Reaktion der Top-Manager entspricht einem längst eingeübten Standard: „Sie müssen weniger ausgeben!" Und dann werden die Argumente der Landesvertreter in der Luft zerrissen. „Acht Mitarbeiter? Und was sollen die alle genau machen? Nach allem, was Sie beschreiben, reichen für Ihr Projekt sechs Leute völlig aus. Schreiben Sie fünf Mitarbeiter rein. Wir müssen uns ambitionierte Ziele setzen." Und so geht das munter weiter. Statt drei Millionen gibt es zwei Millionen, dafür wird das Absatzsteigerungsziel von zehn auf zwölf Prozent angehoben. Der Wettbewerb schläft nicht. Es geht zu wie auf einem Basar.

Nein, nein, natürlich geht es da nicht um die Inhalte. Auf die schaut keiner der Beteiligten. Tatsächlich geht es einzig und allein um Zahlen. Nicht um Fakten!

Manche Zahlen müssen rauf. Andere müssen runter. Denn wenn die einen Zahlen rauf und die anderen Zahlen runter gehen, dann sehen weitere Zahlen, die aus den vorherigen Zahlen errechnet werden, irgendwie besser aus, oder? Nein, das hat mit der Realität nichts zu tun, es ist pure Kosmetik. Planungskosmetik! Je dicker aufgetragen wird, desto verführerischer! Also hineingelangt in die Schminktöpfe!

Die Top-Manager erwarten im Groben mehr Absatz für mehr Umsatz bei geringeren Kosten für mehr Gewinn. Also mehr Output für weniger Input. Also mehr Produktivität. Sie müssen die Zahlen verbessern, nicht die Arbeit, nicht das Produkt, nicht das Erlebnis des Kunden. Sie wissen nicht, was in der Werkhalle anders gemacht werden muss, damit die Zahlen sich wie gewünscht verändern. Das ist aber auch gar nicht ihr Job. Und auch gar nicht der Anlass. Hier werden erstmal die Zahlen ausgehandelt, daraus ergeben sich Ziele und daraus ergeben sich Vorgaben, die nach unten weitergereicht und dann irgendwie exekutiert, ausgeführt, realisiert werden.

Und jede Partei glaubt genau zu wissen, wie die andere tickt, was sie denkt und wie sie handelt. Die eine Seite unterstellt der anderen, dass sie sie über den Tisch ziehen will. Und darum fangen sie selber schon mal präventiv mit dem Über-den-Tisch-Ziehen an: Sie wissen genau, dass ihre Planzahlen für den Ressourcenbedarf in jedem Fall noch heruntergehandelt werden, um Kosten zu sparen. Was also tun sie wohl deswegen? Ganz einfach, sie melden lieber gleich einen höheren Bedarf an Ressourcen an, der dann postwendend auf das gerade noch hinnehmbare Minimum zurechtgestutzt wird.

„It's a game, a game, a game that we're playing", sangen die Bay City Rollers 1977. Und weiter: „I don't mind but I don't make the rules. Just a game for lovers and fools."

Alle im Business kennen das Spiel, und alle spielen mit. Die Qualität eines Managers können Sie daran messen, wie gut er dieses Spiel beherrscht.

Das Traurige daran: Jeder ist sich darüber im Klaren, dass er mitspielen muss und dass am Ende das Unternehmen nicht gewinnen kann, denn wenn einer der Manager das Spiel gewinnt, verlieren gleichzeitig andere. Schlimmer noch – wenn einer die Regel nicht kapiert, dann ist rasch Schluss für ihn. Game over! Ich erinnere mich an einen Standortleiter, der den Fehler beging, zum dritten Mal in Folge zu wenig Umsatzsteigerung auf den Verhandlungstisch zu legen. Er wurde vor versammelter Mannschaft gefeuert. Und hinter vorgehaltener Hand bedauerten ihn seine Kollegen. „War eigentlich ein guter Mann … aber diese Budgetverhandlungen, das konnte er halt einfach nicht."

Viele Manager stehen unter dem enormen Druck, dass das, was sie verhandeln, nicht leistbar ist. Die Diskrepanz zwischen der Realität und den Spielzügen in der Budgetverhandlung ist häufig nur mit Zynismus zu ertragen.

Alle tun so, als ob es noch Luft nach oben gäbe. Also werden die Planziele tapfer eingetragen wie die Lottozahlen auf dem Tippschein. Und der Frust an allen Ecken und Enden im Unternehmen wächst Spielrunde für Spielrunde.

Alle Beteiligten sehen sich gezwungen, mitzuspielen, obwohl sie alle miteinander schon längst keine Lust mehr auf diese Budgetverhandlungen, auf die Mitarbeitergespräche und die Meetings und all das haben. Und die Arbeit muss ja schließlich auch noch gemacht werden! Sie sind das alles so leid – und leiden weiter.

Der Chef als Löschdecke

Ich gehe davon aus, dass Ihnen auch schon mal aufgefallen ist, dass alle leiden. Eben nicht nur die Mitarbeiter, sondern genauso die Chefs. Aber ironischerweise projizieren beide Seiten die Ursache ihrer Frustration jeweils auf die andere Seite: Die Chefs sind schuld aus Sicht der Mitarbeiter. Und die Mitarbeiter sind schuld aus Sicht der Chefs.

Ich finde das clownesk.

Ein Bekannter von mir ist als Top-Führungskraft bei einem internationalen Dienstleister-Konzern tätig. Als Vertriebsleiter führt er ein Team von zwölf Sales-Leuten. Die Chefsicht beschreibt er mit den Worten: „Bei mir reagiert das Chaos – ich lösche nur noch Brände!"

Bei der Arbeit wirkt er wie ein Schäferhund, der versucht, seine Schafherde zusammenzuhalten, die von einem Wolf gejagt wird. Er huscht von Meeting zu Meeting, spricht mit diesem Kunden, eilt in jene Conference Hall, dann wieder videokonferenziert er mit seinem Chef. Wie der vielzitierte Jongleur, der auf Teufel komm raus alle Bälle in der Luft halten muss, löst er eine Aufgabe nach der anderen, ohne dass er Zeit hätte, sich eingehend und intensiv mit einem Projekt zu beschäftigen. Drei Stunden hinsetzen und mit ein paar Mitarbeitern ein echtes Problem lösen? Undenkbar! Stattdessen gibt er seinen Leuten immer mal wieder kleine Happen zu erledigen, damit die auch ja beschäftigt sind, während er alle Hände voll zu tun hat, dass das ganze Haus irgendwie stehenbleibt, anstatt ein Raub der Flammen zu werden.

Führungskräfte wie er sind wie ein versprengter Feuerwehrmann inmitten eines Waldbrands, der den Kontakt zu seinem Trupp verloren hat. Wie der Spielmacher auf einem Fußballplatz, auf dem plötzlich mit vier Bällen gespielt wird. Wie der Koch eines Lokals, auf dessen Parkplatz zwei randvolle Busse hungriger Rentner einfahren, nachdem sich seine beiden Lehrlinge gerade krank gemeldet haben.

Sie fühlen sich höchstens in der Lage zu reagieren, aber nicht zu agieren. Oft schaffen sie es nicht einmal, alle Löcher zu stopfen, alle Töpfe umzurühren, alle Brände um sich herum zu löschen. Und dann gellen die ersten Pfiffe von den Rängen, die ersten Reklamationen kommen herein, langsam schließt sich die Flammenwand.

Der Chef als Löschdecke. Aber zum Glück haben sie doch immer noch ihre Mitarbeiter und können die Arbeit an sie delegieren! Ach wirklich? Denkste! Die Chefs sehen das zumindest anders. Denn dafür müsste der Mitarbeiter doch bitteschön auch mal unternehmerisch denken, mutiger, verantwortungsvoller und auch mal alleine zu einer Entscheidung fähig sein: „Ich hab meinen Leuten schon tausendmal gesagt, sie sollen selbstständig arbeiten. Aber die haben ja keinerlei Eigeninitiative! Dabei wird bei uns niemandem der Kopf abgehackt, wenn mal was schiefgeht!"

Und deswegen sehen sich die Chefs dazu gezwungen, das Entscheidende selbst zu machen, und leiden darunter und machen ihren Mitarbeitern deswegen noch mehr Vorwürfe. Dabei geben sie ihnen gar nicht erst die Chance, selbst Verantwortung zu übernehmen. Natürlich sehen die Chefs das anders und beklagen immer heftiger, dass die Mitarbeiter heutzutage den gestiegenen Anforderungen nicht mehr gerecht werden: Die trauen sich einfach zu wenig, die machen nur Dienst nach Vorschrift, die wollen einfach nicht die Extrameile gehen …

Ein unlösbares Problem. Da wartet ein gigantischer Berg an Arbeit, und keiner packt an. Es ist doch wohl nicht zu viel verlangt, wenn die Chefs von ihren Mitarbeitern etwas mehr Verantwortungsgefühl und Initiativbereitschaft verlangen? So klagen sie lauthals, fühlen sich überfordert und gehetzt, unverstanden und im Stich gelassen, die ganze Verantwortung auf ihren Schultern, wie Atlas, der die Last der Welt allein zu tragen hat und seit Jahrtausenden nicht erlöst wird.

Schrecklich viel zu tun

Und wie geht es den Mitarbeitern dieser Führungskräfte? Die beklagen sich natürlich auch über ihre Chefs. Sie bemängeln, die hätten zu wenig Zeit für sie. Stimmt! Das wäre ja nicht so schlimm, wenn sie dann wenigstens selbstständig arbeiten könnten. Aber Pustekuchen: Ein Haufen an Regeln, Vorgaben und auditierten Prozessen hält sie davon ab. Denn eine der Hauptregeln ist ein für allemal in die Grundmauern der Unternehmen eingemeißelt: Der Chef entscheidet! Am Ende! Immer! – Der Chef? Aber das ist doch der, der keine Zeit hat. Und sich über seine Mitarbeiter beklagt, dass … – ach, liebe Leserin, lieber Leser, das haben Sie doch gerade schon alles gehört! Und so schließt sich der Circulus Vitiosus. Mitarbeiter, die gerne selbstständig arbeiten wollen und nicht dürfen und darunter leiden, sind abhängig von Chefs, die keine Zeit für echte Problemlösung haben und ihren Mitarbeitern vorwerfen, dass sie nicht selbstständig genug sind, mal ohne sie zu entscheiden.

Trotzdem haben die Mitarbeiter schrecklich viel zu tun. Jedenfalls sagen sie das. Was sie dabei empfinden, ist allzu oft viel eher frustrierte Beteiligungslosigkeit. Sprichwörtliche Sinnlosigkeit. Der Berg an Aufgaben, der sich vor ihnen türmt, wäre gar nicht da, wenn der Laden anders organisiert wäre und die Regeln, Vorgaben und Rituale nicht wären. Und wenn der Chef nicht bei der Arbeit stört, dann taucht die andere Sorte Störenfried auf. In Deckung: Ein Kunde!

In Unternehmen, die stark mit sich selbst beschäftigt sind, stören Kunden ziemlich. Angenommen, ein Mitarbeiter hat Kontakt zu einem Kunden oder Lieferanten. Es hakt an einem überraschenden Detailproblem, das der Mitarbeiter, vielleicht mit einem kleinen Kniff, lösen will. Allerdings weiß er: Die Policy des Unternehmens gibt in diesem Fall keine koschere Lösung her. Nach den Richtlinien dürfte er so nicht aktiv werden.

Nun hat er zwei Möglichkeiten. Entweder er sagt dem Kunden in schönster Richtlinientreue: „Tut mir leid, da ist nichts zu machen!" Und vergrault ihn damit womöglich für immer. Oder er fasst sich ein Herz und verspricht ihm: „Ich kriege das hin, mir fällt dazu schon was ein. Ich melde mich wieder bei Ihnen!" Und muss bewusst gegen die Vorschriften handeln.

Verstehen Sie das Dilemma? Es gibt keine gute Lösung! Für den Mitarbeiter ist das zutiefst leidvoll – im Zweifelsfall geht er also dem Risiko des Handelns aus dem Weg und macht lieber nur Dienst nach Vorschrift. Und überlässt die Entscheidung jemand anderem. Sie ahnen schon, wem: Dem Chef natürlich …

Wenn Sie dieses Spiel aus der Ferne betrachten, ist es durchaus unterhaltsam und nicht ohne Reiz. Man kann ganze Spielfilme und Fernsehserien daraus machen. Sehr lustig! Aber für die, die sich mittendrin befinden, ist es nicht lustig. Kein bisschen! Jeder ist mit jedem unzufrieden. Darüber wird auch gesprochen: über die anderen, die Chefs oder die anderen Abteilungen, die nichts kapieren und nichts im Griff haben.

Auch mit der eigenen Situation ist man natürlich alles andere als happy. Aber darüber spricht keiner. Denn das entspricht nicht den Spielregeln. Wer im Unternehmen zugibt, dass er leidet, zeigt Schwäche. Und so ist das Leiden von Mitarbeitern und Führungskräften in Unternehmen meistens eine Art stilles Leiden.

Leiden, immer nur leiden, warum reite ich so darauf herum? Mir sind hier vor allem drei Punkte wichtig: Erstens wird tatsächlich gelitten. Zweitens leiden (fast) alle. Und drittens machen die populären Gegenmaßnahmen gegen das Leiden alles nur noch schlimmer!

Regentänze des Managements

Nehmen wir zum Beispiel Arbeitszeiterfassung. Damit meine ich nicht das aus der Zeit der Industrialisierung stammende Stempeln am Aus- und Eingang der Werkhallen und Bürogebäude. Inwieweit das ins 21. Jahrhundert und in die meisten Arten von Unternehmen passt oder nicht passt, liegt ja ohnehin auf der Hand, nicht wahr?

Nein, ich meine das Time-Tracking, die genaue Tätigkeitserfassung. Warum führen Unternehmen bloß so etwas ein? Nun, zunächst weil es sozusagen zum Abrechnungsmodell gehört: Sie verkaufen dem Kunden nicht ein Ergebnis, sondern Arbeitsstunden. Und genau das wollen viele Kunden ja auch, denn sie kontrollieren gerne den Aufwand anderer und das geht eben recht einfach über die verbrauchte Zeit. Dass darin keinerlei Aussage über die Effektivität der eingesetzten Zeit steckt, ist uns wohl allen klar. Und der Effekt, dass auf diese Weise derjenige teurer wird, der für eine Aufgabe mehr Zeit verbraucht, ist wohl so offensichtlich unsinnig, dass darüber keiner mehr diskutiert. Gemacht werden Stundensätze trotzdem gerne, denn es gibt einen angenehmen Nebeneffekt: Die Führungskräfte glauben, so für mehr Effizienz sorgen zu können, denn sie merken an den gebuchten Stunden, dass die Arbeitszeit nicht optimal genutzt wird, dass Projekte zu lang dauern, dass es für die rein rechnerisch zur Verfügung stehenden Zeitressourcen viel mehr Output geben müsste.

Kein Zweifel, das stimmt!

Denn für die eigentliche Arbeit am Projekt bleibt in einer normalen Arbeitswoche neben all den Meetings, Team- und Chefgesprächen, Reportings, den zu bauenden Projekt-Doku-Excel-Sheets fürs Controlling und den zu bauenden Projektfortschritts-PowerPoints für das Mittwochsmeeting ja auch kaum Zeit. Und deshalb verlangen Chefs von ihren Mitarbeitern, dass sie zusätzlich nun auch noch etwas von ihrer knappen Zeit abknapsen, um die Zeitverwendung genau zu dokumentieren.

Mich erinnert das an einen Kapitän, der bemerkt, dass im Schiffsrumpf Wasser schwappt, und der deshalb die beiden Matrosen, die eigentlich gerade dabei waren, das Loch in der Schiffswand zu stopfen, dazu verdonnert, mit Eimern das Wasser auszuschöpfen.

Schlimmer dabei ist aber noch, dass die Mitarbeiter quasi zur Vorspiegelung falscher Tatsachen gezwungen werden. Denn die sind in einem heillosen Dilemma und können in dem Spiel nur verlieren: Entweder die reale verwendete Zeit ist höher als die geplante, dann schreiben sie in den Augen der Chefs zu viel Projektarbeitszeit auf. Ergo: Sie sind zu langsam. Oder sie schreiben in den Augen der Chefs zu wenig auf: Dann setzen sie die falschen Prioritäten und stecken nicht genügend Effort in die Arbeit. „Na gut, schreib ich halt das auf, was die hören wollen …" – Ganz unabhängig davon, was wahr ist. Manipuliert der Mitarbeiter die Zahlen nicht, dann werden sie früher oder später vom Soll abweichen. Und dann wird er nicht in Ruhe gelassen, muss Meetings, Gespräche und so weiter über sich ergehen lassen und verliert noch mehr Zeit für die Arbeit. Also legt er die Ohren an, macht sich stromlinienförmig und verschmilzt mit dem Hintergrund … um wenigstens ein bisschen arbeiten zu können.

Ganz ähnlich beim Berichtswesen. Seufz, es wird immer mehr! Besuchsberichte, Prognosen, Abschätzungen über Produktspezifikationen … Kürzlich hat der Außendienstler eines Unternehmerkollegen behauptet, er sei an vier von fünf Tagen in der Woche mit Reports beschäftigt. Und was um alles in der Welt ist da so zeitraubend zu reporten? Seine entwaffnende Antwort: „Nun, meine ganze Arbeit mit den Kunden, vom ersten Wochentag und die Planung für die nächste Woche!" Abgenommen habe ich ihm das nicht. Aber es ist wie oft die *gefühlte Wahrheit*, die das Leid erzeugt.

Reporting liegt nach wie vor im Trend. Was Reporting angeht, wird jeden Tag eine neue Sau durchs Dorf getrieben. Vor ein paar Jahren trug das Schweinchen den Namen *Value Reporting*, jetzt heißt Miss Piggy gerade *Integrated Reporting*. Um ehrlich zu sein, Sie und ich müssen gar nicht genau wissen, was das bedeutet. Fakt ist: Google liefert mir zum Thema Reporting 428 Millionen Treffer – darunter Zehn-, wenn nicht Hunderttausende von Artikeln darüber, wie wichtig Reporting ist, wie ich als Unternehmer es pflegen und ausbauen muss und wie ich dank Reporting mit mehr Informationen angeblich umso komplexere Probleme lösen kann.

Es stimmt ja, dass die Probleme immer komplexer werden, aber mit Reporting wurde, seit die Menschen sesshaft sind, noch keines gelöst. Denn sie müssten ja von den Mitarbeitern gelöst werden, die stattdessen reporten müssen. Diese Mitarbeiter sind am nächsten dran an den Problemen und wüssten am ehesten, was zu tun ist. Im Gegensatz zu den Chefs, an die reportet wird. Die haben nun den Report und sind doch so schlau wie vorher. Und können ja doch nichts machen, außer Anweisungen geben, die auf ungenauen Reports basieren und die die Mitarbeiter von der Lösung der Probleme abhalten, weil sie nach dem Reporting als nächstes mit dem Befolgen neuer Anweisungen beschäftigt sind. Die Anweisungen passen immer seltener zu den echten Problemen, die dadurch natürlich nicht geringer werden. Also braucht es neue Reports … Ach, ist das herrlich absurd! Bisweilen muss ich herzhaft lachen, weil das alles so schräg ist. Aber in anderen Momenten bin ich darüber betrübt, denn allen vom Berichtswesen Betroffenen – also fast allen Erwerbstätigen – geht es bei der Berichterei hundsmiserabel. Zeigen Sie mir den, der gerne Berichte schreibt!

Die Absurdität zu beschreiben macht Spaß und die zugehörigen Anekdoten können jede fade Party retten. Aber die Menschen leiden im Ernst! Darum ist mir am Ende weder danach, die Beteiligten auszulachen, noch irgendjemanden zu beschuldigen. Ich empfinde einfach Mitleid.

Mein Mitleid steigt, wenn ich sehe, dass die Controlling-Abteilungen dieser unserer Unternehmenswelt dann trotzdem immer wieder neue Berichtsvarianten erdenken und etablieren. Willkommen, Big Data! Warum tun die das? – Natürlich: Weil sie merken, dass die im Unternehmen geleistete Arbeit den komplexen Anforderungen immer weniger gerecht wird.

Und das stimmt!

Daraus schließen die Controller, dass die Chefs mehr Informationen brauchen, um bessere Anweisungen zu geben, die den komplexen Anforderungen besser gerecht werden.

Und das ist falsch!

Eine Fehlannahme. Ein *Wrong Turn.*

Überall in den Unternehmen wird auf diese Weise der Hunger mit einer Diät vertrieben, der Kater mit Alkohol bekämpft und das Feuer mit Benzin gelöscht. Meetings, Mitarbeitergespräche, Budgetverhandlungen, Arbeitszeiterfassung, Reporting … das alles sind ganz unterschiedliche Managementtools, aber sie haben das gleiche Toxin intus.

Dieses Gift schwappt auch in einer der größten Management-Modewellen der letzten Jahrzehnte. Ich sage nur: Change!

Jedes Jahr rauscht mindestens ein hippes Change-Vorhaben durch ein Unternehmen. Nicht selten sogar mehrere gleichzeitig. Da wird dann von der Unternehmensspitze und den Beratern eine Lean Transformation ausgerufen. „Wir müssen lean werden!", lautet die Devise. Sie empfehlen, Commitment und Alignment aller Beteiligten neu auszurichten, horizontales und vertikales Alignment zu differenzieren. Und: „Wir müssen das *leben*!"

Lassen Sie sich nicht ins Bockshorn jagen. Die Plastikwörter in diesen Aussagen sind einschüchternd, aber die von den Beratern empfohlene Richtung ist simpel: Die Kultur der Organisation muss sich ändern. Also: Die Mitarbeiter müssen ihr Verhalten ändern. Also: Die Mitarbeiter müssen sich ändern. Das bedeutet *Change* im Unternehmen übrigens implizit fast immer: Die Menschen müssen sich gefälligst ändern. Denn sie sind nicht richtig oder nicht gut genug!

Im Falle einer umfassenden Lean Transformation muss zunächst einmal der Vorstand Einigkeit demonstrieren. Selbst dann, wenn sich manche von ihnen dabei uneinig sind. Dies merken die Mitarbeiter zwar, wenn es hart auf hart kommt binnen weniger Nanosekunden, aber dieses als *Vorleben* etikettierte Schauspiel gilt noch immer als Grundlage für gelungenen Change.

Währenddessen haben sämtliche Mitarbeiter und unteren Führungskräfte zu lernen, was es bedeutet, *lean* zu werden. Sie bilden darum jede Menge Arbeitsgruppen und zelebrieren einen Workshop nach dem anderen. Die Teilnehmer schreiben ihre Erwartungshaltung auf Kärtchen und bringen brav zur Sprache, was sie stört. Danach sind sie angeblich meistens dankbar und zufrieden, nach dem Motto: Ach wie befreiend, dass das alles endlich mal gesagt werden konnte!

Das ist Kindergarten! Und die ganzen Laberrunden, Workshops, Stuhlkreise und Kärtchenspiele kommen ja noch auf die Arbeit obendrauf! Wer kann sich das eigentlich alles leisten? Das ist nun wirklich das Gegenteil von lean!

Und der Effekt jeder verordneten Verhaltensänderung ist ohnehin nur von kurzer Dauer. Und zwar prinzipiell. Viele Erkenntnisse aus den Workshops erleben die Mitarbeiter im operativen Tagesgeschäft als nicht anwendbar. Der Rest ist schnell vergessen oder schlicht zu mühsam durchzuhalten. Das Einzige, was übrig und langfristig erhalten bleibt, ist ein Gefühl von Bitterkeit bei allen Beteiligten. Schließlich haben sie solche und ähnliche gut gemeinte Prozesse schon zigmal durchlaufen. Ohne dass sich jemals dauerhaft etwas geändert hätte. Darüber herrscht Einverständnis zwischen der Führung und den Mitarbeitern, wobei jeder der anderen Seite die Schuld dafür gibt. Und der Frustrationsgrad steigt mit jedem Mal weiter an: „Jetzt geht das Theater schon wieder los!"

In der Quintessenz sind heutige Change-Prozesse nichts anderes als ein weiterer hilfloser Versuch, etwas Unkontrollierbares unter Kontrolle zu bekommen. So ähnlich wie bei einem Regentanz … Das Giftige dabei ist, dass die Regentänze des Managements nicht das Wetter ändern sollen, sondern die Menschen.

Burnout oder Boreout?

Damit Sie mich nicht missverstehen: Mitarbeiter und ihre Chefs leiden nicht unter der Arbeit selbst. Auch dann nicht, wenn sie über ihren Job schimpfen oder am Feierabend im Familien- und Bekanntenkreis ihr tagtägliches Leid klagen. Nicht die Arbeit macht sie unfroh. Sondern das ganze andere Zeugs!

Denn das ganze andere Zeugs, die unproduktiven Beschäftigungen, die lästigen Rituale, die unsinnigen Regeln, das Reporting, die wirkungslosen Programme und so weiter haben nicht nur die Eigenschaft, dass sie allen die Zeit zum Arbeiten stehlen, sie haben außerdem noch die unangenehme Eigenschaft, ständig das implizite Signal auszusenden: Du bist nicht richtig so, wie du bist. Du solltest anders sein. Du solltest besser sein! Jetzt MACH endlich!

Die meisten Menschen, die einen Job haben, mögen ihn eigentlich sehr gerne. Sie haben ihn sich schließlich aufgrund ihrer Neigungen und Fähigkeiten ausgesucht. Und sie sind definitiv nicht von Natur aus faul, sondern sie arbeiten gerne – oder besser gesagt, sie würden gerne arbeiten, wenn man sie denn ließe.

Da macht es auch keinen Unterschied, in welcher Branche oder auf welcher Hierarchiestufe ein Mensch arbeitet. Ich erinnere mich an ein Video-Interview mit dem Mitarbeiter einer Abfallverwertungsgesellschaft im Außendienst, also mit einem Müllmann.

Der Grund, warum sich ehrbare Bürger kaum trauen, das Wort Müllmann auszusprechen und lieber eine distanzierende Worthülse dafür verwenden, ist der gleiche Grund, warum eine der Fragen, die dieser *Müllmann* vor der Kamera beantworten sollte, lautete: „Wie oft haben Sie schon gelogen, wenn jemand Sie auf einer Party nach Ihrem Job fragt?"

Oh, wie arrogant! Dahinter steht die Annahme, dass dieser Job ja nun wirklich ein Scheißjob sein muss.

Aber welch Überraschung für den Fragesteller! Der Müllmann sagte: „Ich muss gar nicht lügen!" Denn er mag seinen Job wirklich gerne. Und er kann auch schlüssig erklären, wieso: Er hat zwar ein festes Tagespensum, aber die Einteilung bleibt ihm selbst überlassen. Freiheit, das ist cool.

Und er ist immer draußen, an der frischen Luft. Nochmal Freiheit, nochmal cool. Außerdem gesund. Und er tut etwas Sinnvolles. Etwas, wovon alle Menschen einen Nutzen haben. Müllmann sein, das ist für ihn der coolste Job auf der Welt!

Bei so viel unerwarteter Begeisterung muss der Journalist natürlich nachhaken, ob das denn nun bedeutet, dass er mit seinem Job rundum zufrieden ist?

Die Antwort ist eine erneute Überraschung: Nein, er ist überhaupt nicht zufrieden!

Und warum nicht? – Weil sich jetzt so ein junger Disponent immer einmischt und bestimmt, welche Touren angeblich besser sind, und jetzt haben sie diesen neuen Laster bekommen, mit dem es viel schwieriger geworden ist, durch die engen Straßen zu kommen und und und …

Völlig egal, in welcher Branche oder in welcher Hierarchie- oder Gehaltsstufe Sie nachschauen: Das, was stört, ist nicht die Arbeit, denn Menschen wollen produktiv sein und etwas Sinnvolles schaffen. Was stört, sind vielmehr immer die Bedingungen der Arbeit, das Arbeitsumfeld, das zur Verfügung gestellt wird. Darunter leiden die Menschen. Denn damit fängt das ganze Theater an. Plötzlich muss man mitspielen anstatt seinen eigentlichen Job zu machen.

Und dann haben Sie höchstens noch die Wahl, sich die Diskrepanz zwischen Anspruch und Wirklichkeit so zu Herzen nehmen, dass Sie im Burnout landen, sprich: sich halb zu Tode stressen, oder ob Sie sich innerlich angesichts der Wirklichkeit so weit von Ihrem Anspruch distanzieren, dass Sie im Boreout landen, sprich: sich halb zu Tode langweilen.

Die Suche nach dem Schwarzen Peter

All diese Phänomene gibt es nicht nur in den Unternehmen. Wenn Sie sich umschauen, sehen Sie es überall – nicht zuletzt in der Politik. Viele der Rituale und Prozeduren, die in den Unternehmen für Leiden sorgen, haben dort ihre Pendants. Nehmen Sie die wuchernden Gesetze und Verordnungen. Nehmen Sie die wachsende Zahl von Untersuchungsausschüssen. Nehmen Sie die Unzahl von Pressekonferenzen aller möglichen Gremien. Nehmen Sie die vielen, vielen Regierungserklärungen. Nehmen Sie die merkwürdigen, nach verborgenen Choreografien ablaufenden Parlamentsdebatten oder die gespenstischen Streit-Talkshows im TV. Natürlich sind all diese öffentlichen Phänomene nicht echt. Auch hier wird Theater gespielt. Die Politiker tun nur so, als ob sie regieren oder opponieren würden. Als ob es um geschäftigen Aktionismus ginge und nicht um echte Fortschritte. Als ob alle bestimmte Rollen spielen würden, sobald irgendwo eine Kamera oder ein Mikrofon auftaucht. Und die tauchen heutzutage immer und überall auf.

Was in stundenlangen Wortgefechten öffentlich debattiert wird, ist in 99 Prozent der Fälle längst hinter verschlossenen Türen entschieden. Ich bin sicher, dort wird inhaltlich schon kontrovers gestritten! So mit ganz echten Argumenten, wie im richtigen Leben! Um aber vor der Öffentlichkeit demokratisches Verhalten zu demonstrieren, wird im Plenarsaal krakeelt, beschimpft, ignoriert, denunziert, ausgelacht, dazwischengerufen. Oder um es mit Roger Willemsen zu sagen: „Eine Choreografie höchster Bedeutung und banaler Vorhersagbarkeit."

So arbeiten die Politiker ein Thema nach dem anderen ab. Und doch hat der Wähler das Gefühl, dass sich nichts ändert und die wirklich notwendigen Reformen nicht angepackt werden. Deswegen landen immer mehr Themen vor dem Bundesverfassungsgericht, das mit seinen Entscheidungen die Politiker dann zuweilen doch zu Entscheidungen zwingt, die sie sich nicht getraut haben zu treffen. Wenn Karlsruhe das sagt, müssen sie's eben dann doch machen … Ach, was ist das doch für ein blödes Spiel!

Fällt Ihnen auf, wie ähnlich sich die Phänomene in Wirtschaft und Gesellschaft sind? Und die Politiker in persona sind genauso wenig schuld wie die Manager an dem frustrierenden Mehltau, der sich über die Gesellschaft wie über das Unternehmen legt. Wähler sind gleichermaßen frustriert wie Mitarbeiter – und dennoch machen alle weiter mit: Bei Wahlen wird gewählt – immer weniger, Zeitungen werden gelesen – immer weniger, die Tagesschau wird angeschaut – immer weniger, und die Steuern werden bezahlt – … lassen Sie sich nur nicht erwischen! Und im

Job wird ins Meeting geschlurft, die Reports werden runtergeschrieben und flüchtig gelesen, beim Change-Programm wird unlustig mitgemacht, beim Workshop werden bereitwillig bunte Kärtchen beschrieben und mit Penälerstimme vorgelesen und beim Mitarbeitergespräch werden die neuen Ziele tapfer geschluckt.

Ich werfe niemandem vor, er sei faul oder dumm. Aber überall wird dennoch viel zu wenig gearbeitet. Die Welt wird immer komplexer, überraschender, differenzierter, und wir scheinen immer schlechter damit klarzukommen, ob in der Politik oder in der Wirtschaft.

Das Problem ist: An allen Ecken und Enden versuchen wir, mit veralteten Methoden, mit toxischen Ritualen, mit unbrauchbaren Werkzeugen und wirkungslosen Prozessen auf die vielen und immer häufiger werdenden Überraschungen einer immer komplexer werdenden Welt zu reagieren. Oh, hoppla, ein Atomkraftwerk ist explodiert! Na, wer hätte gedacht, dass so etwas mal passieren kann … Ach, du je, wo kommen denn plötzlich die vielen Flüchtlinge her? Was machen wir denn jetzt bloß? … Na, sowas, jetzt kaufen die Kunden doch glatt im Internet statt im Handel, jetzt müssen wir uns aber bald mal was einfallen lassen! … Oh, wo kommen denn diese schwarzen Taxis auf einmal her, kann da der Gesetzgeber nicht was dagegen machen? …

Alle sind mit sich selbst beschäftigt. Die Unternehmen, die Parteien, die Regierungen und Ministerien. Der Bürger stört da nur. Genauso wie der Kunde beim Wirtschaftsspiel.

Und was macht der störende Bürger? Seine Reaktion ist so simpel wie die Reaktion der überforderten Mitarbeiter: Er beschuldigt. Die da oben sind schuld! Das ist verständlich, denn überforderte Menschen müssen sich einfache Wahrheiten rationalisieren, sonst hält man es im Kopf nicht aus.

Dieser menschliche Reflex hilft dabei, ein vermeintliches Verständnis zu konstruieren, in einer Welt, die nicht so leicht verstehbar ist. Die Menschen ahnen zwar, dass sie der Sache im Grunde nicht gerecht werden – weil sie zu vielfältig und verwoben ist, um sich mit zwei, drei Gedankengängen erfassen zu lassen –, aber es wird für sie damit immerhin etwas erträglicher.

Das verbreitetste Erklärungsmuster lautet: Es liegt an *den* Menschen. Die Menschen sind schuld. Und damit sind meistens die anderen gemeint: Der Manager muss empathischer werden. Die Mitarbeiterin muss mutiger werden. Die Lehrerin muss Freude am Lernen vermitteln. Der Politiker muss ehrlicher werden. Es ist ja so leicht – und entlastend –, bei anderen Egoismus, Unfähigkeit oder gar Bösartigkeit zu diagnostizieren.

Und wenn es nicht konkrete Kollegen, Chefs, Lehrer oder Politiker sind, die man verdächtigt, bleibt noch der Griff zur Verschwörungstheorie. Da müssen wohl dunkle, im Hintergrund agierende, womöglich sogar unbekannte Mächte am Werk sein. Ich erinnere mich an einen meiner früheren Klienten, unter dessen Belegschaft sich das hartnäckige Gerücht hält, die zweite Ehefrau des Inhabers sei diejenige, die eigentlich die Fäden in der Hand hält. Und das, obwohl die Dame nicht im Unternehmen beschäftigt ist und höchstens an offiziellen Anlässen teilnimmt. Wahrscheinlich weiß sie noch nicht einmal von den Vermutungen um ihre Person. Aber gerade weil sie so selten in Erscheinung tritt, bietet sie den Mitarbeitern ein Erklärungsmuster für all das, was sie nicht verstehen.

Oft sollen auch allgemeine Entwicklungen und Phänomene wie die *Globalisierung*, der *Turbo-Kapitalismus* oder auch der *technische Fortschritt* schuld sein: Da wird dann von den *Multis*, von *Heuschrecken* oder von der *Informationsflut* geredet. Die Gleichzeitigkeit zwischen dem Aufkommen von Handys, Internet, E-Mails, Social Media etc. und dem immer stärkeren Leiden an einer zunehmend bedrohlichen Komplexität nehmen viele Mitarbeiter als ein kausales Verhältnis wahr. Aus der Korrelation wird unversehens eine Kausalität konstruiert, die es gar nicht gibt.

Vermeintliche Kausalitäten werden auch bei den Mitarbeitern geradezu herausgefordert, wenn Zielprozesse mit finanziellen Anreizen verbunden sind. Da unterstellen die Mitarbeiter dem Vorgesetzten, es ginge ihm bei all den Zielen und Vorgaben einzig und allein darum, sich persönlich zu bereichern: „Der Chef drückt seine Planziele ja nur deshalb durch, weil er sonst seinem Bonus Adieu sagen muss!"

Ehrlich gesagt, das ist ja gar nicht mal falsch. Natürlich denkt der Chef bei der Zielformulierung an seinen Bonus, deswegen haben seine Chefs ja mit ihm diese Bonusvereinbarung geschlossen. Sie unterstellten ihm damit, dass er nur durch die Aussicht auf persönliche Bereicherung ausreichend motiviert sei, Ziele zu formulieren, die für das Unternehmen gut sind. Und gemäß dieser Logik handelt er nun und macht genau das, was von ihm verlangt wird.

Menschen verhalten sich ganz natürlich immer gemäß dem Kontext, in dem sie leben. Das heißt, Menschen verhalten sich systemkonform vernünftig. Und wenn die Organisation blöd ist, verhalten sie sich blöd.

Das Gute daran ist: Die Organisation ist menschengemacht. Das heißt: Wir könnten sie auch anders gestalten. Anstatt an den Menschen herumzunörgeln und zu versuchen, sie zu verbessern, zu verändern und zu optimieren, könnten wir die Organisation verändern und besser an unsere komplexe Gegenwart anpassen.

Das allerdings erfordert, viele, viele Dinge, die im letzten Jahrhundert vielleicht gut oder ganz okay waren, heute nicht mehr zu tun. Wir müssen einige heilige Kühe schlachten, um unsere Organisationen und unsere Systeme an die Anforderungen des 21. Jahrhunderts anzupassen. Einige dieser heiligen Kühe sind: Meetings, Mitarbeitergespräche, Budgetverhandlungen, Arbeitszeiterfassung, Change-Programme. Aber es gibt noch viel, viel mehr heilige Kühe. Und es sind auch nicht in jedem Unternehmen die gleichen.

Um also die Organisationen so zu modernisieren, dass wir Menschen uns darin wieder wohler fühlen, dass wir gemeinsam wettbewerbsfähig und erfolgreich sind und wir endlich wieder das machen, was wir so gerne tun – nämlich arbeiten! –, müssen wir genauer verstehen, warum wir dieses ganze blöde Zeugs tun und welche Auswirkungen das genau hat.

Was hält uns eigentlich von der Arbeit ab?

Kapitel 2

Die vierte Art der Verschwendung

Warten Sie … Bin ich es etwa, der Sie gerade von der Arbeit abhält? Vielleicht sitzen Sie ja im Büro oder haben sich ein paar Unterlagen mit in die Bahn oder ins Home Office genommen, und da liege ich in Buchform in Ihrer Reichweite herum, Sie schauen nur mal kurz hinein … und lesen sich fest.

Entschuldigung, es ist ganz und gar nicht meine Absicht, Sie abzulenken.

Wobei … erstens ist es wirklich Ansichtssache, ob das Lesen dieses Buches eine Ablenkung von irgendwas ist. Und zweitens: Mit den Tätigkeiten, hinter denen ich her bin und die keine Arbeit im engeren Sinne sind, meine ich gar nicht die Ablenkungen. Mir ist es egal, ob Sie am Schreibtisch mal in einem Buch oder in der Zeitung schmökern, Ihre Blumen auf der Bürofensterbank hegen, privat im Internet surfen, mit Kollegen in der Kaffeeecke tratschen oder ab und zu für ein paar Minuten die

Augen schließen und gar nichts tun. Ob das sinnvoll ist oder nicht, das können Sie selbst am besten beurteilen. Ich glaube durchaus, dass solche Ablenkungen Ihrer Gesamtleistung am Ende des Tages sogar förderlich sein können.

Bei Wissensarbeitern, wie man neudeutsch sagt, kommt es jedenfalls selten darauf an, acht Stunden am Tag gleichbleibende geistige Höchstleistung zu erbringen (was ohnehin schlicht unmöglich ist). Vielmehr müssen Sie, wenn wir ehrlich miteinander sind, doch lediglich an drei, vier neuralgischen Zeitsequenzen am Tag geistig zischend frisch, knackig kreativ und hoch konzentriert sein, um eine formidable Wertschöpfung zu erzielen. Den Rest des Tages machen Sie sich sozusagen locker und massieren Ihren Denkmuskel. Wie auch immer das bei Ihnen aussieht: Es ist doch klar, dass Sie Ruhepausen brauchen, keiner im Büro arbeitet acht oder zehn Stunden am Stück wirklich durch. Und wenn er das doch behauptet: Glauben Sie ihm nicht! Das ist Theater …

Damit nicht jeder macht, was er will

Nein, die Ablenkungen meine ich nicht. Sie halten manchmal von der Arbeit ab und ein anderes Mal erscheinen sie produktiv. Kein Mensch käme jedenfalls auf die Idee, zu behaupten, das sei Arbeit. Das ist zwar etwas voreilig, zunächst aber möchte ich über all das gar nicht weiterschreiben. Denn das hält mich nur von meiner Arbeit ab: Ich bin nämlich gerade dabei, für Sie zu beschreiben, was wie Arbeit aussieht und auch so tut, als sei es Arbeit. Und doch keine ist.

Zunächst mal geht es um Kommunikation. Im Schwäbischen sagt man geflügelterweise: „Schaffe, net schwätze!“ – Als ob Arbeit nur Arbeit wäre, wenn sie stumm verrichtet würde. Dabei wird überall da, wo Menschen zusammen sind, ohnehin kommuniziert. Also natürlich auch bei der Arbeit. Und das ist nicht nur okay, es ist weitestgehend unvermeidlich und unverzichtbar! Denn Gruppen von Menschen haben nur etwas miteinander zu tun, wenn Kommunikation stattfindet. Ansonsten wären es nur ein paar hundert Kilogramm versammelte Biomasse.

In jedem Unternehmen gibt es einen Typus von Kommunikation, der unabhängig ist vom Terminkalender und vom Organigramm. Dabei handelt es sich um informelle Kommunikation, die etwas anderes ist, als wenn Herr Müller an seinen Chef *berichtet*. Diese informelle Kommunikation ist nicht steuerbar. Da gibt es Rauchpausen und Salatschnippelgruppen. Kollegen, die sich von einer anderen Firma kennen oder aus dem Chor. Der Disponent tratscht gern mit der Kollegin aus der Buchhaltung, die reagiert aber sehr schnippisch, wenn der Vertriebsleiter sie auf ihre neue Frisur anspricht. Und Mitarbeiter aus der Poststelle haben eine Fahrgemeinschaft mit Kollegen aus der Personalabteilung initiiert. Überall da ist informelle Kommunikation. Sie ist. Und durch sie bildet sich eine eigene Struktur heraus, die jedes Unternehmen aufweist und die typischerweise nie aufgeschrieben und visualisiert wird. Eine sprichwörtlich informelle Struktur.

Viele, wenn nicht gar alle guten Ideen und Problemlösungen entstehen genau in dieser unplanbaren und nicht zu managenden Struktur. Selbst abends beim Bier reden Kollegen über ihren Job, und nicht selten kommt ihnen gerade da der kluge Gedanke, um den sie tagsüber vergeblich gerungen haben.

Aber kein Chef, keine Personalabteilung und kein Betriebsrat kann das erzwingen oder zielgerichtet steuern. Stattdessen können Unternehmen es fördern und tun das oft auch! Auf die altväterliche Art mit Betriebsausflug und der Betriebssportgruppe oder im Google-Stil mit dem Tischkicker in der Lounge. Damit ist dann sogar für geistige Ruhepause und informelle Kommunikation in einem Aufwasch gesorgt.

Und schon gar nicht lässt sich die informelle Struktur verhindern. Na gut, sie können Teeküchengespräche offiziell untersagen und private Telefonate oder privates Surfen verbieten –, aber verboten ist noch lange nicht verhindert. Solange Mitarbeiter nicht 24 Stunden am Tag wie Galeerensklaven unter peitschenschwingender Kontrolle gehalten werden, lassen sie sich das informelle Kommunizieren nicht wegmanagen.

Nur: Wenn es eine informelle Struktur gibt, dann muss es ja auch eine formelle Struktur geben. Stimmt. Formell, damit kennen wir uns aus, wir leben ja schließlich im Mutterland der Formalismen, der Normen, der Regeln, der Bürokratie. Keiner weiß besser als die Deutschen, wie es sich anfühlt, etwas Sinnvolles nicht machen zu können, weil es Vorschriften, Verbote, Paragrafen und Dienstwege gibt, die zuerst eingehalten werden müssen. Das passiert uns doch dauernd!

Wenn die informelle Struktur nicht der Übeltäter ist, den es aufzuspüren gilt, dann ist die Spur bei der formellen Kommunikation schon heißer. Es liegt auf der Hand, dass Bürokratie nicht wertschöpfend, sondern werthemmend wirkt.

Wobei … Vorsicht! Formalismen muss es natürlich geben. Und zwar in jeder Organisation, und das alleine schon aus rechtlichen Gründen. Ein Unternehmen oder ein Verband oder eine Partei oder ein Verein brauchen schon alleine deshalb Regeln, damit die Menschen sich nicht die Köpfe einschlagen. Die formelle Struktur einer Organisation ist auch deshalb notwendig, weil jede Organisation nicht alleine auf der Welt ist, sondern mit der Umwelt in Wechselwirkung steht, in die sie eingebettet ist. Bürokratie ist in erster Linie eine Errungenschaft.

Das klingt jetzt sehr abstrakt, aber wir werden uns sicherlich schnell einig, dass schwarze Kassen, Bestechung und Vetterleswirtschaft beim Fußball-Weltverband FIFA zwar für die Funktionäre des Verbands im Innern bestens funktionieren, jedoch für die Menschen außerhalb des Verbands inakzeptabel sind. Auch für die FIFA sollen die gleichen Gesetze, Regeln und Formalismen gelten wie für andere Organisationen auch. Und das bitteschön wollen wir durchgesetzt sehen.

Das ist die wahre Natur formeller Strukturen: Sie ermöglichen die Einhaltung von Gesetzen und Regeln durch die Ausübung formeller Macht. Und das ist völlig wertneutral gemeint. Ich bin Unternehmer und als solcher Gesellschafter, also Miteigentümer mehrerer Unternehmen und ich kann Ihnen versichern, dass es mir nicht einerlei ist, was mit meinem Eigentum geschieht. Ich benötige formelle Strukturen auch deshalb, damit ich Einfluss ausüben kann auf das, was auch mir gehört. Die Abwesenheit oder eine zu geringe oder fehlerhafte Ausprägung von formellen Strukturen würde in mir ein Gefühl von Ohnmacht auslösen und mir komplett die Lust rauben, mich als Unternehmer unter Einsatz meines Vermögens zu engagieren.

Was tun wir hier eigentlich?

Eine formelle Struktur ist in einer funktionierenden Organisation also genauso vorhanden wie eine informelle Struktur. Allerdings stellen sich da jetzt zwei Fragen:

Erstens: Tragen die Aktivitäten der formellen Struktur zur Wertschöpfung bei? Zweitens: Wieviel Raum nehmen die Aktivitäten der formellen Struktur im täglichen Tun ein?

Die Antwort auf die erste Frage ist leicht und lautet: Keineswegs! Denn es geht bei Gesetzen, Regeln, Gesellschafterversammlungen und so weiter tatsächlich nur um die Machtausübung. Sie ist nicht wertschöpfend, weil mit ihr keinerlei Leistung für den Kunden erbracht wird. Das will sie auch gar nicht. Sie wirkt nach außen bestenfalls neutral, unauffällig. Die Aktivitäten der formellen Struktur dienen alleine dem Machterhalt und damit dem Erhalt der Struktur selbst.

Das Recht des Chefs, einen Bericht anzufordern oder ein Meeting zu eröffnen und alle Beteiligten zu begrüßen, das Wort zu erteilen und zu verbieten, zu entlassen und einzustellen, eine Reisekostenverordnung zu erlassen und dergleichen, ist zunächst nichts Schlimmes, es ist dem Kunden im Endeffekt lediglich wurstegal.

Das Problem dabei ist, dass diese formelle Kommunikation oft mit Arbeit verwechselt wird. Ein Bericht, liebe Freunde des klaren Wortes, ist keine Arbeit, denn es findet dabei keine Wertschöpfung statt.

Ich beklage nun ein Ausufern der im ersten Kapitel geschilderten Phänomene der formellen Strukturen. Meine These, und das ist die Antwort auf die zweite Frage, lautet also: Wir beschäftigen uns zu viel mit den Belangen der formellen Struktur. Viel zu viel!

Ok, wenn aber Kaffeetrinken keine Arbeit ist, der Jour fixe mit dem Chef aber auch keine Arbeit ist, was ist denn dann eigentlich Arbeit? – Das ist einfach: Der Rest. Jede Organisation, also jede Gruppe aus mehreren

Menschen, die zu einem bestimmten Zweck ins Leben gerufen wurde, hat nämlich prinzipiell drei Strukturen: die informelle Struktur, die formelle Struktur und die Wertschöpfungsstruktur.

Alle drei haben ihre Zwecke und Nutzen. In Summe bilden sie die Organisation, das Unternehmen. Informelle Struktur gibt es überall, wo Menschen zusammenkommen, einfach als Funktion des Homo sapiens. Formelle Struktur gibt es, weil sich die Organisation in ihren hierarchischen Machtstrukturen erhalten will. Und die Wertschöpfungsstruktur hat eine Organisation, damit sie ihre Aufgabe erfüllt, nämlich den ursprünglichen Zweck, warum sie einmal gegründet wurde, das Wozu, zu dem sich einmal Menschen zusammengetan haben. Und dieser Grund liegt immer im Außen – beim Kunden.

Was nun Wertschöpfung ist oder nicht, entscheidet übrigens ausschließlich der Kunde. Zum Beispiel dadurch, dass er eine Leistung der Organisation nachfragt und kauft. Bei der FIFA ist es eine Fußballweltmeisterschaft, bei einer Eisdiele ist es das Spaghettieis, bei der Post eine Paketzustellung und bei einer politischen Partei die Repräsentanz einer bestimmten politischen Meinung. Würde keine Wertschöpfung entstehen, wäre das gleichbedeutend damit, dass die angebotene Leistung nicht nachgefragt, also nicht gekauft, konsumiert, gewählt oder angenommen wird.

Und nun kommt der entscheidende Punkt: Alle Aktivitäten, alle Tätigkeiten, die nicht Wertschöpfung sind, sind per Definition Verschwendung.

Verschwendologie

Dieses weite Feld von Verschwendung ist bestens untersucht und analysiert worden, insbesondere im Rahmen der Lean-Management-Bewegung. Wissenschaftler des altehrwürdigen Massachusetts Institute of Technology in Cambridge, USA, untersuchten Anfang der 1980er Jahre intensiv die unterschiedlichen Produktionsbedingungen in der weltweiten Automobilindustrie. Dabei fanden sie insbesondere bei Toyota besonders konsequente und differenzierte Strukturen, die sie als *lean*, also *schlank* bezeichneten.

Ein blöder Begriff leider – aber was soll's. Schlanke Produktion hat das erklärte Ziel, in einem Unternehmen möglichst viel Wertschöpfung zu ermöglichen und möglichst wenig Verschwendung zuzulassen.

Dass die Verschwendung nicht auf null reduziert werden kann, ist dabei allen Beteiligten klar: Verschwendung ist eben wie Staub. Sie ist überall und kommt immer wieder.

Schön wäre allerdings, wenn der Staub im Unternehmen wiederholt und gründlich weggefegt würde, damit es schön sauber, schön effizient und hoch profitabel wird und bleibt.

Die Ideen des Lean Management kommen also aus der Automobilindustrie, aus der Produktionshalle. Sie sind aber schon lange auch auf andere Bereiche von Wirtschaft und Gesellschaft erfolgreich übertragen worden, also auch auf Dienstleistungsunternehmen, in Büroarbeit oder in Behörden.

Eine wesentliche Erkenntnis, die die Lean-Forscher in den japanischen Produktionshallen von Toyota gefunden haben, ist die Existenz von drei Sorten von Verschwendung:

Erstens *Mura*: Das ist Verschwendung durch Schwankungen. Wenn also mal viel und mal wenig Nachfrage derart auf die Herstellung durchschlägt, dass Verschwendung entsteht. Eine berühmte Simulation, das so genannte *Beer-Game* — am MIT von Jay Forrester 1960 entwickelt und von Peter Senge bekannt gemacht –, illustriert dies zwar vereinfachend, aber ganz anschaulich: Stellen Sie sich einen kleinen Getränkehändler vor, bei dem ein Kunde jede Woche einen Kasten einer ganz besonderen Sorte Bier kauft. Der Händler ordert entsprechend bei seinem Großhändler so nach, dass er jede Woche einen Kasten als Reserve hat. Der Großhändler bestellt das spezielle Bier genau so bei der Brauerei, dass er alle seine Kunden bedienen kann plus eine kleine Reserve. Der Brauer braut von diesem speziellen Bier exakt die nachgefragte Menge plus einen kleinen Puffer. Alle Beteiligten sind versorgt bzw. lieferfähig. Das Bier fließt stetig und ohne sich zu stauen durch die Lieferkette vom Braukessel in die Kehle des Kunden.

Doch dann tritt eine Schwankung auf. Der Kunde will eines Tages nicht einen Kasten, sondern drei. Der Händler kann nur zwei liefern, der dritte wird in eine Vorbestellung gewandelt und der Händler ordert fünf Kästen beim Großhändler, damit er auch in der nächsten Woche liefern kann, falls der Kunde wieder drei Kästen bestellt. Der Großhändler liefert, ist nun aber für alle anderen Händler bis zur nächsten Woche ausverkauft. Das heißt, er verliert Umsatz. Also ordert er bei der Brauerei die doppelte Menge. Die Brauerei schaut auf die Absatzzahlen und erhöht daraufhin unter Aufbringung zusätzlicher Investitionen die Produktion, weil sie von einer gestiegenen Nachfrage ausgeht.

Ist das ein echter Aufschwung? Werden sich die Investitionen amortisieren? Mitnichten! Das ist Verschwendung, denn am Ende stellt sich heraus, dass der Kunde einfach nur zu schnell gefahren ist und für einen Monat seinen Führerschein abgeben musste. Er hat darum zwei Kästen mehr geordert – auf Vorrat, weil er die Fahrt zum Getränkehändler nicht mehr machen kann. Am Ende trinkt er in seinem autofreien Monat sogar weniger Bier als sonst, er streckt die drei Kästen auf den ganzen Monat. Die Nachfrage ist nicht gestiegen, sondern gesunken – aber die Brauerei hat im Rahmen dieses so genannten Peitscheneffekts dennoch investiert, völlig unnötigerweise. Mura!

Zweitens *Muri*: Das ist Verschwendung durch Überlast. Sie tritt immer dann auf, wenn Maschinen und Menschen über ihre Leistungsgrenze hinaus gepusht werden. Das Resultat ist vorhersehbar: Maschinen fallen früher oder später aus, Menschen werden krank, die Sicherheit bei der Produktion lässt nach, die Qualität der Ergebnisse sinkt. Außerdem werden die anderen Sorten der Verschwendung begünstigt.

Drittens *Muda*: Das ist Verschwendung durch unproduktive Tätigkeiten. Bei Toyota differenzierte man verschiedene, genauer gesagt sieben nicht produktive Arten, etwas zu tun: Beispielsweise erbringt der Transport eines Bauteils von A nach B für den Kunden keinen Wert. Das ist logisch, denn wird das Bauteil länger oder kürzer transportiert, dann wird der Wert des Endprodukts für den Kunden weder größer noch kleiner. Oder die Länge der Rüstzeit einer Maschine: Dem Kunden dient das nicht. Muda ist es auch, wenn das Unternehmen zu viel oder zu früh produziert, jedenfalls mehr als momentan gebraucht wird, zum Beispiel als

Folge einer Schwankung (Mura!). Des Weiteren begeht ein Unternehmen Muda, wenn sich in einer Produktionshalle vor einer Maschine die halbfertigen Waren türmen oder in Ihrem E-Mail-Postfach 25 unbeantwortete E-Mails warten. Verschwendung geschieht außerdem durch Produktionsfehler, was sehr leicht nachvollziehbar ist, sowie durch Nacharbeit, die dann womöglich nötig wird. Lange Wartezeiten sind ebenfalls Muda, was eine eindeutige Aussage über ärztliche Wartezimmer ist: Wartezimmer sind architektonisch manifestierte Verschwendung.

Toyota entwickelte sozusagen eine eigene Wissenschaft der Verschwendung, um sie ausschalten zu können: eine *Verschwendologie* sozusagen. Gut, Sie könnten sagen, Optimierung gab es auch schon vorher. Die Fließbandtechnik im legendären River Rouge Complex in Detroit von Henry Ford und im deutschen Werk der fünf Söhne Adam Opels in der ersten Hälfte des 20. Jahrhunderts beispielsweise war ja nichts anderes als die konsequente Optimierung von Einzelschritten in einer Prozesskette. Und der Erfolg war jeweils durchschlagend und bescherte beiden Firmen nacheinander die weltweite Marktführerschaft im Automobilbau.

So wird Toyota bis heute missverstanden. Denn Toyota lenkte seinen Blick nicht in erster Linie auf das Innere, auf die Optimierung von Auslastung oder Produktivität, sondern vielmehr darauf, die Kunden zufriedener und die Wettbewerber unzufriedener zu machen.

Ich habe das Toyota-Produktionssystem und insbesondere seine Anwendbarkeit auf andere Organisationen als reine Produktionsunternehmen ausgiebig studiert, in Theorie und Praxis. Ich beriet sicher mehr als 1000 Unternehmen bei der Optimierung ihrer Prozesse und konnte dort live erleben, wie enorm die Potenziale sind, die sich mit der Beseitigung von Verschwendung erschließen lassen. Glauben Sie mir: Das ist fantastisch.

Jedoch: Mir wurde mit der Zeit klar, dass etwas fehlte. Es gibt da eine Sorte Verschwendung, die weder die Toyota-Manager noch die MIT-Forscher identifiziert haben. Das ist nicht verwunderlich, denn diese Sorte Verschwendung, die ich meine, gibt es noch gar nicht so lange, sie ist Resultat eines Phänomens, das erst in den letzten drei Jahrzehnten des 20.

Jahrhunderts auftrat und sich nun zu Beginn des 21. Jahrhunderts dramatisch verstärkt: Die vierte Art der Verschwendung.

Der Fußballfan in der Oper

Die vierte Art der Verschwendung begehen Menschen, wenn sie nicht arbeiten, sondern Arbeit spielen. Das tun sie in Produktionshallen, und noch viel mehr in den Büroetagen der Unternehmen. Und sie tun das nicht gerne, bewusst oder absichtlich. Sie haben es sich vielmehr so eingehandelt und nun können sie nicht mehr anders.

Jedes Unternehmen, jede Organisation ist ein soziales System. Da gehen Sie sicher noch mit. Nun aber kommt der Clou: Soziale Systeme bestehen streng genommen nicht aus Menschen. Sondern aus Kommunikation. Dieser Gedanke ist anfangs ungewohnt aber sehr aufschlussreich, wie Sie noch sehen werden.

Natürlich ist die Anwesenheit von Menschen die Voraussetzung von Kommunikation. Setzen Sie aber Menschen in einen Raum und schalten jegliche Kommunikation aus, dann haben Sie nur einen Haufen einzelner Menschen, aber kein soziales System. Und schon gar kein Unternehmen.

Wenn aber Organisationen nicht aus Menschen bestehen, sondern aus Kommunikation, dann bestimmt die Struktur der Organisation auch die Struktur der Kommunikation. Anders gesagt: Das Stück, das gespielt wird und die Art des Theaters bestimmen, wie Sie sich als Mensch darin benehmen: Sie werden eine entsprechende Rolle spielen.

Ganz einfach nachvollziehbar wird das, wenn Sie kurzerhand einen Opernbesucher und einen Fußballfan die Plätze tauschen lassen. Die Menschen sind dieselben wie zuvor, aber das Theater ist anders und das Stück, das gespielt wird, ebenfalls.

Nun, zugegeben, Sie können die Gasträte und den lauthalsen Fangesang von der Südkurve auch in der Opernhalle zum Besten geben. Aber es wird allen Beteiligten wenig Freude machen und auch nur ganz kurz funktionieren, bis nämlich die Saalordner Sie abführen und die Psychiatrie anrufen.

Theater und Stück bestimmen die Rolle: Und Menschen schlü[...]
Rollen, um die Strukturen des jeweiligen Theaters aufrecht zu erha[...]

Der Punkt ist: Wenn Sie in der formellen Struktur Ihres Unternehmens mitspielen, dann ist Ihre Rolle nicht in erster Linie dem Kunden, sondern dem Erhalt der Machtstrukturen verpflichtet. Ihr Verhalten entspricht dem, was von Ihnen erwartet wird, nicht dem, was Probleme löst. Sie arbeiten nicht wirklich, sondern Sie spielen Arbeit. Jeder kann sehen, was Sie tun, Ihr Spiel wird öffentlich aufgeführt, es gibt Beifall oder Buhrufe und der Regisseur erteilt Ihnen Anweisungen, damit Sie besser spielen. Es ist das Spiel vor der Kulisse. Das Spiel der Vorderbühne.

Diese Rollen sind ganz schön anspruchsvoll, Sie müssen einiges an schauspielerischem Talent mitbringen, um hier nicht von anderen Rollen an die Wand gespielt zu werden. Heißt konkret: Die Kunst des Verstellens ist angesagt. So lange, bis Sie eins werden mit der Rolle und vergessen, dass es überhaupt eine solche ist.

Aber gut, dass Sie dennoch blitzschnell das Kostüm ausziehen und die Schminke abwischen können: Auf der Hinterbühne nämlich herrscht informelle Kommunikation. Hier können Sie schon eher ganz Sie selbst sein, wenn das überhaupt möglich ist. Aber hier können Sie zumindest Ihre eigenen Meinungen vertreten, frei sprechen und insbesondere über die Vorderbühne lästern.

Die ganze immanente Ironie des Theaters wird deutlich, wenn Sie sich klarmachen, dass Sie hier auf der Hinterbühne zwar nicht Ihren offiziellen Job, aber dafür den Großteil der eigentlichen Arbeit machen: Sie erledigen zwischen den Aufführungen mal so eben alles Entscheidende, was der Kunde braucht.

Sie sind immer der gleiche Mensch, aber in jeder Rolle setzen Sie eine andere Persona Ihrer selbst ein. Sie können abwechselnd Provokateur, Opportunist, Ideengeber, Mentor, Problemlöser, Saboteur und noch vieles mehr sein. In jedem der sozialen Systeme werden Sie eine Rolle vorfinden, von der Sie annehmen, dass sie von Ihnen erwartet wird.

Sie verändern die Rollen immer ganz leicht, das Ganze ist hoch dynamisch. Sie bieten dem System eine Rolle an und bemerken, wie sie ankommt. Dann verstärken Sie sie oder schwächen sie ab. Sie können im jeweiligen System auch mehrere Rollen haben, kein Problem für Sie.

Das Ganze machen Sie ganz sicher nicht bewusst, sonst wären Sie ein manipulierender, demagogischer Zyniker. Nein, Sie geben einfach jeweils Ihr Bestes und heraus kommt ein Set von zu Ihnen passenden Rollen im jeweiligen Theater.

Die vierte Art der Verschwendung liegt nun in Ihrer Rolle im Theater der formellen Kommunikation – weil sie per se nicht wertschöpfend ist.

Eine Frage aber bleibt: Warum ist das ein Problem?

Im Fieberwahn

Ein Problem ist das erst seit kurzer Zeit, seit wenigen Jahrzehnten. Aber das Problem nimmt unaufhörlich zu. Es rührt daher, dass die formelle Struktur mit Dynamik einfach nicht umgehen kann.

Dieses Theater basiert auf Informationen: Per Reporting sammelt sich die formelle Struktur die Informationen zusammen und transportiert sie in der Hierarchie nach oben. Per Anweisung reagiert sie von oben darauf, die Anweisung wird als Information von oben nach unten transportiert und unten in der Hierarchie exekutiert, also ausgeführt. Die Exekution wird kontrolliert. Um eine sinnvolle Anweisung zu geben, die die Macht-struktur erhält, müssen Sie als Vorgesetzter schlicht wissen, was zu tun ist.

Über viele Jahrzehnte im 19. und 20. Jahrhundert wussten das die Chefs tatsächlich! Mach das, tu jenes, lass dieses. Ein auf diese Weise gut geführtes Unternehmen agierte wie ein Uhrwerk, wie eine Maschine. Jahrzehntelang.

Mittlerweile hat sich aber das Umfeld der Unternehmen enorm geän-dert: Alles ändert sich rasend schnell und die Umgebung ist nicht mehr nur einfach mehr oder weniger kompliziert, sondern sie ist komplex ge-worden, also unberechenbar, stark schwankend, ständig überraschend und hoch veränderlich. Die vielfältigen Reize von außen müssen zumeist so schnell bearbeitet werden, dass für den Umweg über die Instanzen der formellen Struktur keine Zeit bleibt.

Die relevanten Probleme sind für die Führungskräfte nun nicht mehr per Reporting erkennbar oder per Anweisung lösbar. Das dafür erforderliche Wissen existiert gar nicht und das ganze System beginnt zu taumeln. Eine formelle Struktur kann mit Überraschungen nicht umgehen, es reagiert völlig hilflos darauf.

In einer solchen Umwelt ist die formelle Struktur einer Organisation permanent überlastet, immer im Fieber, wie im Wahn. Und gleichzeitig verfügt sie über einen enormen Selbsterhaltungstrieb. Also macht sie weiter und verstärkt ihre eingeübten Mechanismen: Mehr Reporting. Mehr Meetings. Mehr Anweisung. Mehr Kontrolle. Und das bedeutet: Immer größere Probleme.

Im ersten Kapitel habe ich über das Leiden der Menschen geschrieben. Hier nun die Auflösung, warum sie so sehr leiden: Sie sind zerrissen zwischen innerer und äußerer Referenz. Oder anders gesagt: Sie müssten eigentlich zwei Rollen, die nicht zusammenpassen, gleichzeitig spielen: In der Interaktion mit dem Außen, dem Markt, dem Kunden bekommen sie ein Gefühl dafür, was für den Kunden richtig wäre – ihre äußere Referenz. Wenn es um Wertschöpfung geht, wüssten sie nun, was zu tun ist. Und gleichzeitig bekommen sie in der Interaktion mit dem Innen, dem Vorgesetzten, der Hierarchie ein Gefühl dafür, was für die Machtstruktur das Richtige wäre – ihre innere Referenz. Wenn sich nun die beiden Referenzen widersprechen – und das tun sie immer häufiger –, dann haben sie keine Optionen mehr, richtig zu handeln. Sie können sich nun entscheiden, in welchem Theater sie aus der Rolle fallen.

Von dieser Entscheidung hängt ab, ob Sie der Organisation auf Dauer zugehörig bleiben können. Wenn Sie nämlich lieber auf Ihre äußere Referenz hören und die Rolle, die die formelle Organisation von Ihnen erwartet, ignorieren, werden Sie sich in Konflikte mit dem Machtapparat des Unternehmens verstricken und mit fliegenden Fahnen untergehen. Sprich: Sie werden früher oder später mehr oder weniger sanft dem Arbeitsmarkt zugeführt werden.

Also arrangieren sich die meisten Menschen mit der Policy, die zwar nicht zum Problem passt und die Kunden vergrault, aber am Ultimo das

Bankkonto füllt und den autoritären Regisseur der Vorderbühne besänftigt. Außerdem leiden sie. Und zudem versuchen sie im Verborgenen, auf der Hinterbühne nämlich, mit Gleichgesinnten gemeinsam noch irgendwie Lösungen für die Kundenprobleme zu finden und Wertschöpfung zu erzielen. Einfach weil sie arbeiten wollen.

Im Effekt spielen sie dennoch die meiste Zeit des Tages Arbeit anstatt zu arbeiten. Ich behaupte, dass in vielen Unternehmen die Theaterquote schon bei jenseits von 50 Prozent liegt. Das ist nun nicht mehr nur ein bisschen Staub, der überall herumfliegt und unvermeidlich ist, nein, das ist eine gigantische Verschwendung.

Das ist es, was die Menschen von der Arbeit abhält.

Es ist schlimm. Und es gehört dringend geändert. Nur, warum genau läuft das so? Und welches Kraut ist dagegen gewachsen? Welche Alternativen gäbe es? Oder salopp gesagt: Wie kommen wir aus dieser Nummer wieder raus?

Kapitel 3

Warum in Unternehmen so viel Theater gespielt und so wenig gearbeitet wird

G ut, wir sind uns also einig: Verschwendung gibt es nicht nur in Werkhallen, wo vielleicht Ausschuss produziert oder wo Überproduktion betrieben wird oder wo Mitarbeiter warten müssen oder wo Material durch die Gegend transportiert wird. Auch in Büroetagen wird jede Menge Zeit und Geld durch den Schornstein gejagt.

Und Verschwendung findet auch nicht nur dann statt, wenn Kapital sinnlos oder fehlgeleitet verpulvert wird, zum Beispiel in halbherzige Marketingaktionen ohne Return on Investment. Nein, wenn Verschwendung eine Tätigkeit ist, die Ressourcen verbraucht, aber keine Wertschöpfung, also keine wahrgenommene Leistung für die Umwelt erbringt, dann gibt es sie auch an vielen anderen Stellen im Unternehmen. An vielen sensiblen, fast schon sakrosankten Stellen. Nehmen Sie nur das heilige Mitarbeiterjahresgespräch. Autsch. Wenn Sie Heiliges als Sünde verdächtigen, wehrt sich das religiöse Empfinden im vorderen Schläfenlappen des Gehirns und Sie stoßen auf heftigen Widerstand. Zumindest, geben wir's ruhig zu, wollen wir das nicht so gerne wahrhaben.

Diese vierte Art der Verschwendung ist die soziale Verschwendung. Allein das Wort ist schon schlimm zu ertragen: Wieso sollte etwas Soziales Verschwendung sein?

Hm, das sollten wir nochmal aufrollen, denn hier wird es schwierig, weil mehrdeutig. Das Wort *sozial* ist heutzutage ganz schön überfrachtet, insofern will ich hier präzise und unmissverständlich sein: Im alltäglichen Sprachgebrauch bedeutet *sozial* mehr oder weniger *gut, menschlich* oder *moralisch in Ordnung*. Wenn also einer bei dem, was er tut, an das Wohl der Menschen denkt, gilt er als sozial. Es gibt aber noch die andere Wortbedeutung, nämlich die gerade nicht moralische, sondern technische, die ich schon beim Begriff *soziales System* verwendet habe: Systeme, in denen Menschen Kommunikation betreiben, sind sozial – besser noch umgekehrt: Die Kommunikation zwischen Menschen macht Systeme zu sozialen Systemen. Das ist weder gut noch schlecht, sondern es ist einfach so. Wenn ich hier also von sozialer Verschwendung schreibe, dann meine ich das völlig moralfrei im Sinne der zweiten Bedeutung.

Der Punkt ist: Ein Teil der Kommunikation zwischen Menschen in einer Organisation ist wertschöpfend, ein anderer Teil nicht. Ist dann diese nicht wertschöpfende Kommunikation wirklich Verschwendung, nämlich soziale Verschwendung? Und wenn ja: Was machen wir dann bloß mit ihr?

Um es klar zu sagen: Eine Sünde ist sie in meinen Augen keineswegs. Nichtwertschöpfende Kommunikation ist manchmal sogar schön. Und menschlich allemal. So wie Schlagersingen schön und menschlich ist. Aber Verschwendung ist es trotzdem, tut mir leid. Und hier macht die Dosis das Gift, denn ein Unternehmen ist kein Helene-Fischer-Konzert und die Wirtschaft ist kein Song Contest.

Was mit Unternehmen passiert, in denen zu viel Theater gemacht und zu wenig gearbeitet wird, schildere ich Ihnen im nächsten Kapitel. Hier, in diesem Kapitel, geht es mir erstmal um den Grund, die Ursache, die

Gemengelage, die Voraussetzungen. Also: Warum existiert überhaupt so viel soziale Verschwendung? Oder noch viel besser gefragt: Wozu sind die nicht wertschöpfenden Tätigkeiten da? Was ist Ihre Funktion? Zu welchem Zweck existieren sie? – Denn wenn das klar ist, dann wird auch sofort klar, warum Sie sie nicht einfach so mir nichts dir nichts abschaffen können und was Sie stattdessen tun müssen, um sie zu reduzieren.

Ich lade Sie darum ein, mir auf einem Flug mit einer kamera- und mikrofonbewehrten Mini-Drohne, so einem kleinen Quadrokopter, durch ein typisches Unternehmen zu folgen. Wir können am PC oder am Tablet verfolgen, was die Drohne im Unternehmen so an Kommunikation aufspürt.

Los geht's.

Redegeräusche, menschliche Laute, Grunzen

Wir sehen ein gepflegtes Unternehmensareal, umgeben von einem hohen Zaun. Zur Straße hin gibt es eine Pforte mit Schranke, dahinter ist ein großer Parkplatz für die Angestellten und ganz nahe am Eingang des Gebäudes sind auch Stellplätze für Gäste.

Wir gehen etwas herunter und schauen ins Pförtnerhäuschen. Was macht der Pförtner und wozu ist er da? Gerade kommt der Vertreter eines Lieferanten und meldet sich bei ihm an. Nachdem er geparkt hat, wird er sich ja ohnehin nochmal am Empfang melden. Wozu also hält ihn der Pförtner auf?

So ein Pförtner hat in der Tat eine wichtige Funktion. Er markiert die Grenze, ab der der öffentliche Raum endet und das Hausrecht gilt. Er reguliert den Zutritt und macht sichtbar, was rechtlich ohnehin gilt: Privatgrund dürfen nur Befugte betreten! Außerdem ist der Pförtner Teil des Sicherheitspersonals: Es geht darum, Spionage und andere Sorten Diebstahl zu verhindern. Oder wenigstens abzuschrecken.

So weit so leistend. Aber er hat auch noch ganz andere soziale Funktionen: Er repräsentiert das Unternehmen und demonstriert gegenüber jedem, der das Gelände betritt, die formale Stellung des Unternehmens: Hier ist die Macht!

Das tut er beispielsweise durch sein Auftreten: Er ist kein Dienstleister, sondern der Chef des Parkplatzes. Er sorgt per höflicher Anweisung und kontrollierendem Blick für die Ordnung auf dem Gelände, so dass der Parkplatz den Regeln gemäß benutzt wird: Nah am Gebäude parken die Gäste und die Geschäftsleitung, weiter weg die weniger wichtigen Normalsterblichen. Die Markierungsstriche zwischen den Parkplätzen werden von niemandem missachtet, denn sonst kommt der Pförtner aus seinem Häuschen und dann bleibt es zwar immer noch freundlich, aber außerdem wird's streng. Die soziale Rangfolge und die Machtverhältnisse werden auf diese Weise jedem klargemacht, noch bevor irgendetwas Arbeitsähnliches geschieht.

Ist die erste Firewall überwunden, kommt die zweite. Wir folgen dem Vertreter mit unserer ferngesteuerten Drohne ins Gebäude bis zum Empfang. Hinter der Theke steht eine adrette Dame. Der Vertreter muss warten, denn sie telefoniert gerade.

Routiniert nimmt sie die Telefonate entgegen. Sie sagt eingeübte Texte auf, lächelt in den Hörer, wie man es ihr beigebracht hat, spielt mit süßer, leicht singender Stimme eine etwas übertriebene Höflichkeit vor. Und natürlich macht sie Smalltalk. Wie das Wetter denn an der Küste sei. Ob die Gesundheit wieder besser sei. Wie der Urlaub gewesen sei.

Sie spielt ihre Rolle gut und voller Inbrunst. Ihr Job ist es, kleine Theatersequenzen aufzuführen und das soziale Bindeglied zwischen außen und innen zu geben. Sie repräsentiert eine freundliche, herzliche Kultur des Unternehmens und improvisiert Dialoge der Wertschätzung: Wie es dem Jüngsten gehe? Ob man beim letzten Besuch wieder gut nach Hause gekommen sei? Wie erholt man klinge.

Wohlgemerkt: Soziales Interesse am Gegenüber ist eine wunderbare Sache. Aber natürlich ist das hier Theater. Ohne den Kontext des Empfangs würde sich die Dame niemals so mit diesem Anrufer unterhalten. Die Empfangsdame demonstriert, wie wichtig der Gesprächspartner ist und wie wertschätzend man ihm gegenübertritt. Das steht schließlich auch im Leitbild des Unternehmens. Und am Ende ist sie es, die den Anrufer durchstellt. Sie ist der Gatekeeper, sie entscheidet, wer vorgelassen wird, sie hat die Macht.

Fliegen wir weiter. Wir verlassen den Eingangsbereich und schwenken durch eine kurz geöffnete Tür in ein Büro. Es ist das Büro einer Führungskraft. Der Mann sitzt mit einem seiner Mitarbeiter am kleinen Besprechungstisch neben seinem Schreibtisch. Natürlich findet das Gespräch nicht im Büro des Mitarbeiters statt!

Beide Männer nehmen ihre Rollen ein, spielen die Stereotype durch: Der Mitarbeiter spielt die untertänige Rolle, die er im Laufe der Jahre gut eingeübt hat. Und der Chef muss Stärke zeigen, Klarheit und Härte. Er spricht über die unglaublich schwierigen Rahmenbedingungen des Marktes. Warum tut er das? Jeder im Haus kennt die Rahmenbedingungen, natürlich auch der Mitarbeiter. Aber das Sprechen hat hier, wie so oft, nicht die Funktion, Informationen zu übermitteln, sondern Überlegenheit zu demonstrieren. Er spricht über die ambitionierten Ziele seiner Abteilung. Er will doppelt so stark wachsen wie der Markt. Was für ein Haudegen!

Die beiden sprechen nicht über die Arbeit oder darüber, wie sie besser zu organisieren wäre. Sie sprechen nicht über Kunden und deren Bedürfnisse, Eigenarten oder Probleme. Der Gesprächsinhalt ist nicht die Wertschöpfung und wie sie zu erhöhen wäre.

Stattdessen sprechen die beiden über die Erwartungen des Chefs an das Verhalten des Mitarbeiters. Darum geht es. Ein Feedback-Gespräch. Oder anders ausgedrückt: Der Mitarbeiter soll sich so verhalten, wie der Chef es will. Der Mitarbeiter versucht zu argumentieren, um sich zu rechtfertigen. Das Ganze ist ritualisiert bis in die Feinheiten der Choreografie.

Wie geht es aus? Nun, der Chef hat mehr Bühnenerfahrung und spielt den Mitarbeiter virtuos an die Wand. Während wir das Schauspiel über die Drohnenkamera auf unserem Bildschirm bestaunen, möchte ich spontan Szenenapplaus geben.

Während der Mitarbeiter mit verkniffenem Mund den Schauplatz verlässt, fliegen wir mit ihm durch die Tür und zurück auf den Flur. Gerade eben verlässt eine Mitarbeiterin die Toilette und eilt zurück zu ihrem Büro. Sie setzt noch eben die letzten Buchstaben der SMS, die sie heimlich auf der Toilette geschrieben hat, weil SMS in ihrem Großraumbüro verboten wurde.

Wir fliegen in einen Besprechungsraum. Was dort passiert, kennen wir schon und fliegen nur schnell eine Runde. Nebenbei hören wir noch die zusammenfassenden und mahnenden Worte des Chefs an die Anwesenden. Keiner hört zu, denn es ist ja nur ein Ritual. Redegeräusche. Menschliche Laute. *Grunzen*, wie es mein geschätzter Kollege Gerhard Wohland gerne ausdrückt.

Wozu macht der Chef das? Er weiß es wohl nicht, aber man macht das so. Es ist eine Art Pflicht. Die Funktion ist: So wissen alle, welche Art von Aufführung abläuft und wer der Regisseur ist. Es hilft allen, ihre sozialen Rollen einzunehmen. Es vermittelt Sicherheit.

Über die Kunden fällt kein Wort. Obwohl, doch: „Wir müssen immer an den Kunden denken!", heißt es da.

Offenbar ist die Besprechung gerade vorbei, denn es klopfen alle auf den Tisch. Egal wie schlecht das Meeting war, es wird geklopft. Das gehört dazu. Wie bei Oma am Geburtstagstisch.

Das wollen wir uns nicht weiter mit anschauen, wir verlassen diese Bühne und fliegen mit der Drohne durch die Werkhalle. Gibt es hier auch soziale Verschwendung?

Na, dort hinten vielleicht, im Meisterbüro. Normalerweise wird hier ein Stück aufgeführt, in dem es darum geht, dass sich der Meister über den Einkäufer aufregt. Denn der Meister ist als Held der Werkhalle für die Produktivität der Arbeiter und Auslastung der Maschinen verantwortlich und muss darum dafür sorgen, dass alle zum Verbau vorgesehenen Teile stets verfügbar sind. Sein Antiheld, der dunkle Schurke, ist der Einkäufer. Denn der Meister hat in einer Verfügbarkeitsliste mal wieder entdeckt, dass ein Teil nicht am Lager ist. Er streitet mit dem Schurken übers Telefon. Dabei stellt sich heraus, dass der Trottel mal wieder den falschen Lieferanten rausgesucht hat. Das kann ja nicht klappen! Dem routinierten Aufregen des Meisters steht das routinierte Verteidigen des Einkäufers gegenüber. Am Ende bleibt alles beim Alten, bis zum nächsten Mal. Jedenfalls wurde so die funktionale Teilung von Einkauf und Produktion mal wieder deutlich manifestiert. Jeder weiß, wo sein Platz ist und warum er gebraucht wird. Das gibt Sicherheit.

Während wir durch das Hallentor wieder nach draußen fliegen, bemerken wir auf dem Parkplatz zwei disputierende Abteilungsleiter. Der eine ist gerade in der Hierarchie aufgestiegen und besteht nun auf dem Parkplatz Nummer 16. Der andere will aber nicht so ohne Weiteres weichen. Wenn er schon woanders parken muss, dann bitte näher am Eingang als bisher. Oder gleich in der Tiefgarage!

Gottseidank gibt es dafür eine Abteilung. Gottseidank gibt es dafür Verantwortliche. Gottseidank gibt es dafür Regeln.

Und Gottseidank war es kein Kunde, der bei diesem Drohnenflug vor dem Bildschirm saß, sondern nur Sie und ich.

Die elfte Umdrehung

Denn Arbeit – seien wir ehrlich – Arbeit war das alles nicht. Ja, es klingt vielleicht vertraut, was diese Menschen da so tun, ich möchte jedoch um der Erkenntnis willen trotzdem so mutig sein, nicht pauschal alles, was zwischen Arbeitsantritt und Feierabend passiert, als Arbeit zu bezeichnen. Es muss da eine sinnvolle Differenzierung geben, damit wir klar wissen, worüber wir hier eigentlich reden. Andernfalls ist es unmöglich herauszufinden, aus welchem vergifteten Brunnen die soziale Verschwendung stammt.

Woran also mache ich fest, dass etwas, was wie Arbeit aussieht, eben doch keine Arbeit ist?

Sie könnten nun einfach sagen: Alle Tätigkeiten, die kundenorientiert sind, sind Arbeit. Und alle Tätigkeiten, auf die das nicht zutrifft, sind keine Arbeit.

Das ist sicher richtig, aber erstens wird das Wort *Kundenorientierung* reichlich missbraucht und darum selten präzise verwendet. Und zweitens gibt es da immer noch jede Menge Spielräume: Am Ende können Sie auch das vertrauliche Gespräch zweier Kolleginnen bei Zigarette und Kaffee im Raucherhof, die sich über einen gut gebauten jungen Assistenten austauschen, als kundenorientiert hinargumentieren. Denn wenn die Stimmung im Team gut ist, dann ist das doch auch gut für die Kundenbeziehung, oder?

Es muss ein besseres Unterscheidungskriterium geben. Gibt es auch, ich kenne sogar zwei sehr gute, weil einfache und präzise Trennungslinien: Eine Tätigkeit ist Arbeit erstens genau dann, wenn ein Mehr davon auch den Erlös vermehrt – manchmal sofort und manchmal erst in der Zukunft, wie zum Beispiel bei Innovationen, die zu späteren Leistungen führen. Also: Würden Sie mehr davon tun, würden dann die Kunden Ihnen früher oder später auch mehr Geld geben? Würde es das gesellschaftliche Ansehen des Unternehmens nachhaltig erhöhen und damit auch die Kaufbereitschaft der Kunden? Würde es die verkauften Stückzahlen erhöhen? Würde es ermöglichen, höhere Preise zu verlangen und zu erhalten?

Allgemein gesprochen: Wirkt sich die Tätigkeit auf den Transfer von Geld und Leistungen zwischen Kunde und Unternehmen aus, ja oder nein?

Wenn Sie also eine Maschine umrüsten: Bekommen Sie doppelt so viel Geld vom Kunden, wenn Sie doppelt so lange rüsten? – Sicher nicht. Ja, natürlich, Sie müssen umrüsten, schon in Ordnung, ich will nur den Punkt machen, dass das keine Arbeit im engeren Sinne ist. Auch wenn Sie das vielleicht überrascht.

Ob Sie sich einen Kaffee holen oder nicht, ob Sie das Meeting doppelt so lange machen oder doppelt so kurz, ob Sie sich mit Kollege Müller gut verstehen oder nicht, ob der Assistent sieben Kopien macht oder fünf, ob der Teamleiter seinen Parkplatz in der Tiefgarage hat oder nicht, ob die PowerPoint-Slides in einer halben Stunde oder in einer halben Woche erstellt worden sind, ob Sie mit Ihrem Mitarbeiter ein Jahresgespräch führen oder nicht, ob Sie eine Budgetplanung machen oder nicht – der Kunde kauft möglicherweise trotzdem, aber nicht deswegen!

Natürlich, mir ist vollkommen klar, dass das vielen Menschen nicht passt, wenn ein großer Teil ihres Tagesablaufs plötzlich keine Arbeit sein soll. Was erlauben! Schließlich gibt man ja sein Bestes. Schließlich will keiner ein Verschwender sein. Und erst recht nicht bei einem schwäbischen Mittelständler ... Ich verstehe das.

Und ich meine ja auch gar nicht, dass hier bei irgendjemandem irgendeine Schuld entsteht. Um das zu verdeutlichen: Bitte stellen Sie sich einfach mal vor, dass bei einem solchen schwäbischen Mittelständler eine

Maschine zum Abrichten von großen Schleifscheiben steht. Jedesmal, wenn nun wieder eine Schleifscheibe auf das richtige Maß gebracht werden soll, muss sie in die Maschine eingesetzt und schließlich gekontert werden, damit sie fest sitzt. Also muss ein Arbeiter eine Mutter nehmen und draufschrauben. Erst wenn diese Mutter festgezogen ist, kann die Maschine starten. Es ist eben notwendig. Der Mitarbeiter dreht also die Mutter zehnmal. Und dann noch einmal: Bei der elften Umdrehung sitzt sie fest. Die letzte Umdrehung war Arbeit. Denn sie hat die Mutter festgemacht, was die ganze Maschine erst produktiv gemacht hat: Ohne diese Umdrehung könnte die Maschine nicht laufen. Und wenn sie nicht läuft, können keine Teile fertig produziert werden, der Kunde könnte die herrlichen Schleifscheiben nicht kaufen.

Ob der Arbeiter diese elfte Umdrehung also ausführt oder ob er sie unterlässt, hat direkten Einfluss auf den Erlös. Das ist Arbeit.

Doch was ist mit den zehn Umdrehungen davor? – Ganz einfach: Die sind keine Arbeit, sondern schlicht überflüssig. Sie sind die Folge einer verschwenderischen Konstruktion der Maschine.

Gut, das ist pingelig. Sehr sogar. Aber Moment! Wenn ein kleiner, aber verschwenderischer Vorgang zigtausendmal im Jahr durchgeführt wird, dann dreht das ganz heftig am Rad der Wirtschaftlichkeit, denn die Mitarbeiter werden nach Zeiteinsatz entlohnt und wollen darum für ihre Verschwendung genauso bezahlt werden wie für ihre Arbeit.

Das ist leicht nachzuvollziehen. Worum es mir jedoch hier außerdem geht: Wären Sie der Arbeiter, der die Mutter festzieht, dann würden Sie genauso wie er die zehn überflüssigen Umdrehungen machen müssen, obwohl sie ja eigentlich arbeiten wollen! Die Maschine ist grad' so, wie sie ist, das können Sie nicht mal eben ändern.

So, und genau hier trifft die Analogie: Auch in der Kommunikation ist es nicht anders, ganz egal, ob sie auf einer Büroetage oder in einer Fabrikhalle sattfindet. Auch hier sind Sie ein Element in einem System, das so ist, wie es ist. Sie spielen mit und plötzlich sitzen Sie in einem Meeting, das von Arbeit so weit entfernt ist wie Tasmania Berlin von der Champions League.

Auch wenn die Verschwendung wunderschön verpackt ist, um sie sinnvoller erscheinen zu lassen, bleibt sie, was sie ist. Ein Jahresgespräch, eine Fünfjahrespersonalplanung, eine Projektpräsentation, ein 360-Grad-Feedback … das ist ja wirklich zum Teil kunstvoll und schön anzuschauen, es gibt hervorragende Trainings, wo man das lernen kann, und viele glauben, das müsste man heute so machen – aber es bleibt eben doch pures Theater.

Warum? Stellen Sie sich vor, Sie sagen zu Ihrem Ehepartner: „Du, Schatz, in zwei Wochen haben wir unser jährliches Entwicklungsgespräch. Schick mir doch bitte vorher rechtzeitig deine Ziele für die nächste Planungsperiode …"

Nein, Menschen reden nicht so miteinander – außer, sie spielen Theater, wie sie es in den meisten Unternehmen tun, weil das dort der Kontext eben so erfordert. Und genau das ist das zweite praktikable Unterscheidungskriterium, für das wir alle ein sehr gutes Gespür haben: Wenn Menschen im Unternehmen nicht wie Menschen miteinander reden, dann gehört diese Tätigkeit nicht zur Arbeit.

Alle Ampeln auf Grün!

Dabei ist die Sache ganz schön verzwickt. Denn manches sieht nur vordergründig so aus wie eine Theateraufführung, ist aber in Wahrheit dann doch Arbeit. Beispielsweise: Konflikte.

Wenn viele intelligente Menschen bei einer wichtigen Entscheidung mitreden, dann ist das einerseits spannend, es kann aber auch gehörig Zoff geben. Wichtig ist dann, dass die Auseinandersetzung nicht unterbunden, sondern geführt wird, dass der Streit um die Sache ausgefochten wird, um am Ende gemeinsam herauszufinden, was für den Kunden Wert bedeutet.

Nehmen Sie zum Beispiel eine typische Situation im Anlagenbau: Es ist Liefertermin, aber die Anlage ist nicht ganz fertig. Was ist jetzt für den Kunden besser: Pünktlich, aber nicht ganz fertig? Oder zu spät geliefert, aber dafür komplett? – Das ist nicht einfach zu entscheiden und darüber wird (hoffentlich) intensiv gestritten.

Damit meine ich natürlich nicht den Streit, der geführt wird, um herauszufinden, wer Schuld hat an der Misere – das wäre wieder nur Theater. Nein, ich meine den Streit, der geführt wird, um herauszufinden, was für den Kunden die beste Lösung ist, wie man den Wettbewerb schlagen kann oder welche Preise man nimmt. Diese Konflikte sind genauso sozial wie jeder andere Konflikt, weil es schlicht um Kommunikation zwischen Menschen geht, aber sie sind außerdem leistungsfördernd.

Ja, sie sind oft sogar nachhaltig wertvoll. Denn sie schaffen ein kollektives Verständnis von gut oder schlecht. Hier findet *Lernen* statt. Das brennt sich ein, das setzt Standards, das prägt das kollektive Denken im Unternehmen. Und das ist nichts anderes als das, was man Unternehmenskultur nennt.

Es gibt also Arbeit, die wie Theater aussieht. So wie bei einer Katze, die mit einer Maus spielt. Vielen Menschen erscheint das sinnlos, ein grausames, überflüssiges Drama. Sie moralisieren und anthropomorphisieren, stülpen also ihre vordergründige Menschlichkeit über den Kontext des Tieres, der ein ganz anderer ist: Denn für die Katze ist das Spielen mit der Maus ein Training für die Reflexe – und damit effektiver Teil seiner Überlebensstrategie.

Es geht aber auch umgekehrt: Vieles im Unternehmen, was enorm sinnvoll aussieht, entpuppt sich bei näherem Hinsehen als Posse, Kammerspiel oder Tragikkomödie. Beispielsweise entdecke ich in Unternehmen häufig diese hübschen Ampelsysteme für Projekte. Das ist ein Werkzeug, das dazu dienen soll, Abweichungen vom Projektplan zu visualisieren.

Klingt zunächst sinnvoll. Ist aber meistens blanker Hohn, denn im Kontext eines sozialen Systems wie einer Abteilung oder eines Teams wäre man ja auf der Brotsuppe daher geschwommen, würde man ein Projekt auf Gelb stellen, weil man Sorge hat, den Meilenstein nicht in der Planzeit zu erreichen. Damit würde man ja nur signalisieren, dass man schlecht gearbeitet hat! Unter uns: Niemand würde das tun, auch Sie oder ich nicht. Stattdessen halten wir die Ampel tunlichst auf Grün und versuchen im Verborgenen die Scharte auszuwetzen. Erst wenn das Projekt in flagranti beim Versagen erwischt wird, wird die Ampel gezwungenermaßen direkt von Grün auf Rot gesetzt. Davor wird der Liefertermin eisern gehalten.

Der Berliner Großflughafen BER ist so ein Fall: Zwei Wochen vor Eröffnungstermin standen die Ampeln noch auf Grün. Das war 2007 … Zum Erscheinen dieses Buches wird der Flughafen noch immer eine Baustelle sein, Projektampel hin oder her.

Die Projektmitarbeiter sollen sich also beim Zieltermin um schlappe zehn Jahre verschätzt haben? Wirklich? Das sollen wir ihnen abnehmen? – Nein, nicht wirklich. Dass Sie glauben, was geplant wurde, verlangt kein Mensch. Denn es ist doch nur ein Bühnenstück.

Drei Felsen auf dem Weg

Das Unternehmenstheater ist also gar nicht so einfach zu durchschauen. Aufführungen werden oft nicht als Verschwendung erkannt. Stattdessen wird das Schauspiel rationalisiert, es wird gerechtfertigt, es wird für normal, notwendig, üblich oder nützlich erklärt. Es ist überall. Und es ist enorm stabil.

Dabei ist es keineswegs so, dass Unternehmen das Theater bewusst herbeiführen. Es ist vielmehr einfach da. Man hat sich etwas eingefangen, so wie man sich eine Allergie einfängt. Das Theater wird von der Organisation erzeugt, so wie im Frühjahr der Heuschnupfen vom Organismus erzeugt wird. Die lösungsorientierte Frage ist in Bezug auf das Unternehmen die gleiche wie beim Heuschnupfen: Warum und wozu macht der Organismus den Heuschnupfen? Nur wer das versteht, kann ihn kurieren. Leider ist das offenbar gar nicht so einfach – in beiden Fällen.

Amputation jedenfalls hilft nicht, weder beim Heuschnupfen noch beim Theater: Viele der nicht wertschöpfenden Tätigkeiten im Unternehmen dienen zwar nicht dem Kunden, aber sehr wohl der Konservierung der Organisation. Ohne Meetings, Organigramme oder Planungsrituale würden viele heutige Organisationen zusammenfallen wie Kartenhäuser. Mitarbeiter und Führungskräfte würden in Scharen davonrennen, weil es ihren Erwartungen völlig widersprechen würde, wenn sie nicht mehr Vorgesetzter wären, wenn sie keine Vorgaben mehr bekämen, wenn es mangels Hierarchie keine Beförderungen und keine größeren Dienstwägen mehr gäbe, wenn es keine Machtausübung via Planung und Planerfüllungskontrolle mehr gäbe, wenn darum auch keine individuellen Boni mehr ausgezahlt werden würden … und so weiter.

Sie können das Theater nicht einfach so wegmachen, sonst brechen die Organisationen zusammen.

Also: Symptombehandlung ist aussichtslos. Darum müssen wir die Ursache verstehen!

Auf dem Weg zum Verständnis der Ursache gibt es drei große Felsbrocken, die ich zuerst beiseite räumen möchte.

Nummer eins: Schuld sind die Mitarbeiter oder die Führungskräfte! – Nein, sind sie nicht!

Nummer zwei: Schuld ist die Unternehmenskultur! – Nein, ist sie nicht!

Nummer drei: Schuld ist der Taylorismus! – Nein, ist er nicht!

Der Reihe nach: Theater wird nicht deshalb gespielt, weil die Akteure dumm oder faul oder egoistisch oder böswillig wären. Menschen verhalten sich immer sinnvoll gemäß dem Kontext, in dem sie sich befinden. Und wenn Menschen sich auf einer Bühne wiederfinden, vor sich ein Publikum, hinter sich die Kulisse und über sich eine Batterie Scheinwerfer, dann spielen sie!

Denn würden sie das nicht tun, dann würden sie vom Rest des Ensembles und vom Regisseur von der Bühne gejagt werden. Ein Mitarbeiter oder eine Führungskraft will in erster Linie nicht aus der Organisation ausgeschlossen werden – denn das wäre die schlimmste aller Konsequenzen.

Wie immer bestätigen auch hier Ausnahmen die Regel: Natürlich kann hier und da einer dem sozialen Zwang entweichen, also quasi aus dem ihn umgebenden System ausbrechen (und damit gleich das ganze System in Unruhe versetzen). Vielleicht sind Sie so ein Ausbrecher oder vielleicht kennen Sie einen? Mir fällt da der Versicherungsangestellte Truman Burbank aus dem Film Die *Truman Show* ein. Mit viel Mut und auch viel Risiko können Helden wie er ihr Seahaven tatsächlich verlassen und am Ende sagen: „Guten Morgen … Oh, und falls wir uns nicht mehr sehen sollten: Guten Tag, guten Abend und gute Nacht!"

Ja, es ist möglich, auf der Vorderbühne nicht mehr mitzuspielen. Aber dieses Denken skaliert nicht. Sie können nicht von jedermann verlangen, sich zum Mittelpunkt eines riesigen Eklats zu machen. Ein solch übermenschlicher Anspruch an die Menschen würde meines Erachtens das Leiden noch mehr erhöhen: „Hey, du! Der Typ im Film konnte es doch auch. Also warum du nicht! Man muss es nur wollen. So eine Revolution ist doch ein Klacks!"

Nein, ist sie nicht. Und wo kommt eigentlich das Wörtchen *nur* in diesen Sprüchen immer her?

Darum ist der Regelfall: Menschen richten sich in Organisationen ein, sie passen sich an, arrangieren sich, selbst dann, wenn sie sich enorm dafür verbiegen müssen. Lieber spielen sie mit. Durch Mitwirkung an den Aufführungen vermeiden sie auch die abgemilderten Formen des Ausschlusses aus dem sozialen System: die Degradierung, die Versetzung, das Übergehen bei Beförderungen oder Gehaltserhöhungen, das Mobbing, die Erhöhung des Anforderungslevels ohne Ressourcenausgleich … Menschen machen mit, weil sie Konflikte vermeiden wollen. Und das ist menschlich und niemandes Schuld.

Außerdem: Was soll der ganze Stress? Nach 16:00 Uhr können sie sich ja auch wieder ganz nach ihren eigenen Werten richten und sich in der Freizeit selbst verwirklichen … Da bringen sie sich dann voll ein.

Machen Sie darum bitte nicht einen einzelnen Menschen oder eine Gruppe (die bösen Chefs!) dafür verantwortlich, dass Ihre Organisation sozial verschwenderisch ist. Und auch andersherum: Hoffen Sie bitte nicht, dass ein einzelner Mensch (der neue Vorstandsvorsitzende!) das Kraft seines Charismas alles wieder hinbiegen kann.

Das war der erste Felsbrocken. Der zweite betrifft die Kultur: Sie kann nicht verantwortlich sein, weil sie nichts beabsichtigt. Sie ist einfach. So wie die Geschichte einfach ist. Oder die Sprache.

Die beste Übersetzung von Kultur, die ich kenne: Kultur ist das Gedächtnis eines sozialen Systems. Sie ist die Folge der kollektiv gemachten Erfahrungen und der Verhältnisse in der Organisation. Sie hält fest, was man tut und was man nicht tut. Sie können sich innerhalb einer Organisation gegen die Kultur verhalten, aber dann müssen Sie mit Konsequenzen rechnen.

Jede Organisation, jede Gruppe, jedes soziale System hat automatisch und zwangsläufig seine spezifische Kultur. Das ist auch enorm praktisch, denn das reduziert die Komplexität: Die Kultur zeigt an, was richtig und wichtig ist, danach kann sich jeder richten. Die Frage, welche Arbeitskleidung in einer Bank oder bei einem Landmaschinenhersteller die richtige ist, muss nicht immer wieder auf's Neue gestellt und beantwortet werden, das übernimmt die Kultur.

Was man verschweigt, ob und wen man duzt, wie man mit Vorgesetzten umgeht, was man mit kreativen Ideen von Mitarbeitern macht und so weiter – es gibt in jeder Organisation hunderte ungeschriebene Gesetze. Wer diese gut gelesen hat und den kollektiven Erwartungen entspricht, erspart sich viele Diskussionen, riskiert nichts und braucht sich nicht zu rechtfertigen.

Wichtig zu verstehen ist, dass die Kultur nicht willentlich von den Menschen gemacht ist, die in einer Organisation arbeiten. Denn streng genommen ist nicht der Mensch als Ganzes Bestandteil einer Organisation, sondern nur der Teil von ihm, den er zur Kommunikation beiträgt.

Ok, das ist eine sehr, sehr gewöhnungsbedürftige Ansicht, um nicht zu sagen eine ziemlich spezielle Ansicht. Aus der systemtheoretischen Perspektive ist sie aber korrekt. Sie könnten natürlich auch eine andere Position einnehmen, aus der der einzelne Mensch wie der Teil eines Organismus erscheint, also eine Art biologische Perspektive. Und die wäre genauso korrekt bzw. genauso falsch. All diese Beschreibungen sind letzten Endes nur Modelle der Wirklichkeit, nicht die Wirklichkeit selbst. Nur sollten wir eben immer besser das Modell nehmen, das uns am meisten weiterhilft. Und hier ist es so, dass das systemtheoretische Modell, wonach eine Organisation aus Kommunikation besteht und nicht aus Menschen, sehr,

sehr hilfreich ist. Es bringt uns weiter, macht uns schlauer, hilft uns, die eigentliche Ursache der sozialen Verschwendung aufzudecken. Natürlich ist diese Theorie streng genommen falsch, aber sie ist der beste Irrtum, der uns zur Verfügung steht.

Wenn die Organisation also gar nicht aus Menschen besteht, dann wird sozusagen ein Bild des Menschen in die Organisation projiziert, eine Persona, eine Maske – eben eine Rolle! Darum verhalten sich Mitarbeiter in der Firma teilweise völlig anders als beim Spielen mit ihren Kindern oder auf dem Sportplatz.

Ebenso wichtig ist die Erkenntnis, dass die Kultur nicht an die Individuen gebunden ist. Sie besteht nur aus den Vereinbarungen, die sich in der Geschichte der Organisation entwickelt haben. Sie bleiben erhalten, selbst wenn die Urheber gar nicht mehr da sind. Oder gerade wegen Steuerhinterziehung im Gefängnis sind. Mia san trotzdem mia!

Das heißt: Kultur ist weder gut noch schlecht, sie ist einfach. Und sie kann nicht gezielt gemacht oder willentlich verändert werden, sondern sie ist ständig in Bewegung und bildet ab, was gelebt wurde.

In einem Unternehmen wird eine Kultur dann theaterig, wenn die Menschen Handlungen erbringen, um Kulturerwartungen zu entsprechen, auch wenn das dem Menschen selbst, dem Kunden oder dem Unternehmen als Ganzem schadet.

Das führt zu inneren Konflikten: Theater spiele ich zum Beispiel dann, wenn ich im Unternehmen einem Vorgesetzten nach außen hin Respekt zolle, obwohl ich ihn eigentlich für einen Loser und Schwachkopf halte. Wenn die Kultur aber nun mal den hierarchischen Respekt höher bewertet als Ehrlichkeit, dann muss ich das tun – oder die Konsequenzen tragen. Will ich nicht ausgeschlossen oder gemaßregelt werden, dann werde ich mich gegenüber dem Vorgesetzten anders verhalten als ich es täte, wenn ich in einem Sportverein Präsident und er der Jugendtrainer wäre. Diesem Loser würde ich nicht im Traum Respekt zollen! – Ich verhalte mich also im Unternehmen anders, als es meinem Wesen entspricht. Ich verhalte mich einfach dem Kontext entsprechend. Und da gibt es Grenzen der Nützlichkeit und Grenzen des Erträglichen.

Hat sich eine Unternehmenskultur im Laufe der Zeit von der Realität des Marktes distanziert, dann kann es gefährlich werden. Eine Kultur, in der zum Beispiel eine KISS-Doktrin vorherrscht, schreibt den Mitarbeitern implizit vor: Keep it Simple and Stupid! In einem solchen Unternehmen bin ich gezwungen, alles einfach und trivial auszudrücken. Dadurch verblödet die Organisation natürlich auf Dauer. Irgendwann ist die Organisation dümmer als jedes einzelne Mitglied. Jeder sagt nur das, was gesagt werden darf, und denkt sich seinen Teil. Sollte dieses Unternehmen dann irgendwann mit einer komplexen, nichttrivialen Marktsituation konfrontiert sein, freut sich nur noch der Wettbewerb.

Oder eine Kultur, in der man nicht Problem sagen, sondern nur von Herausforderungen sprechen darf. Hier wird das Unternehmen blind werden gegenüber echten Problemen. Einzelne Mitarbeiter werden Probleme trotzdem erkennen, aber sie werden diese Erkenntnisse für sich behalten, um der Doktrin zu entsprechen.

In vielen Fällen retten sich die Mitarbeiter über die Hinterbühne, den Schnürboden oder den Künstlereingang und klären das Problem über den kleinen Dienstweg … Eigentlich ist das schizophren – aber es gibt sehr, sehr viele solcher Jekyll-and-Hyde-Unternehmen.

Wenn ein Unternehmen also in Theateraufführungen verstrickt ist, dann hat es nicht die falsche Kultur. Die Kultur ist nicht kaputt und muss deshalb auch nicht repariert werden. Es braucht dann kein Change-Projekt, um die Kultur auf Vordermann zu bringen. Das wäre genauso verdreht wie die Aussage, dass das Windrad den Wind erzeugt, weil es sich dreht. Auch hier liegt der Hund nicht begraben.

Der dritte Felsbrocken ist der böse, böse Taylorismus. Oder anders gesagt: Der betriebswirtschaftliche Ansatz der Teilung von Denken und Handeln, der sich historisch gesehen als grandioses Erfolgsrezept der Industrie herausgebildet hat. Er basiert auf den Forschungen und Ideen des Managementpioniers Frederick Winslow Taylor, die er zu Beginn des 20. Jahrhunderts verbreitet hat.

In aller Kürze geht es hierum: In einer gut gemanagten Fabrik herrscht auf dreifache Weise Teilung: Die Arbeit wird funktional geteilt in Abteilungen. Sie wird hierarchisch geteilt in Führungskräfte und Ausführende, also Manager und Arbeiter. Und sie wird zeitlich geteilt mittels Planung.

Man kann Arbeit auch ganz anders organisieren. Aber der Taylorismus hat einige offensichtliche Vorteile: Jeder macht einfach, was ihm gesagt wird. Es gibt glasklare Anweisungen und es gibt strenge Kontrolle. Dadurch weiß jeder, was seine Aufgabe ist, und alles wird erledigt. Wird in einer solchen Organisation die Arbeit sehr exakt geplant und verteilt, dann läuft die Fabrik wie eine Singer Nähmaschine. Sie schnurrt und summt und rennt. Es gibt kaum Theater, die Wertschöpfung ist enorm hoch.

Die gigantischen Erfolge der Industrie im letzten Jahrhundert, die weiten Teilen der Weltbevölkerung Wohlstand durch Wertschöpfung verschafft hat und die Armut weltweit in verblüffendem Maße zurückgedrängt hat, sprechen eine deutliche Sprache.

Wenn aber nun diese drei Faktoren – Mensch, Kultur, Taylorismus – nicht die Ursache für das überbordende Unternehmenstheater sind, was dann?

Unbeugsam bei hohen Windstärken

Es liegt an einem weit verbreiteten Missverständnis. Und das ist schon alles.

Ich habe schon alle Puzzlestücke genannt, Sie müssen sie nur noch zusammensetzen: Da ist die tayloristische Teilung, da sind die Erwartungen an das Verhalten von Menschen, da ist die Unternehmenskultur, da ist der Anpassungsreflex von Menschen, die zu einer Organisation gehören wollen, und dann sind da noch die bekannten äußeren Faktoren Dynamik und Komplexität.

Setzen wir das Puzzle zusammen:

Im 20. Jahrhundert, zur Blütezeit des Taylorismus, waren die zeitliche, hierarchische und funktionale Arbeitsteilung ein leicht anwendbares und fast immer gelingendes Erfolgsrezept. Es war so erfolgreich, dass noch heute an den meistens Business Schools und Universitäten so getan wird, als wäre es die einzige Möglichkeit, Arbeit zu organisieren, als *mache man das eben so.* Es entstand somit eine florierende Meta-Kultur in der Wirtschaft, in der tayloristisch geprägte Unternehmenskulturen gedeihen konnten. Das Rezept verbreitete sich über alle Kontinente, über alle Branchen und über alle Unternehmensgrößen hinweg.

Die Frage ist: Warum war das so erfolgreich? Warum funktionierte das mit der Teilung von Denken und Handeln so gut? – Die Antwort: Weil alles so einfach war. Und weil sich alles nur so langsam veränderte. In quasi statischen Wirtschaftssystemen, in denen die Verkäufer tonangebend waren, in Branchen, deren Regeln sich über die Jahrzehnte kaum änderten, in Gesellschaften, wo die initiale Ausbildung von Arbeitskräften über Jahrzehnte hinweg völlig ausreichte und nicht fortgeführt werden musste, in national abgegrenzten und mehr oder weniger abgeschotteten Märkten, im Umgang mit nur moderat innovativen Technologien – also in einem statischen und simplen Umfeld war der statische und simple Taylorismus perfekt und allem anderen weit überlegen.

Das Problem heute – und schon seit bestimmt zwanzig, dreißig Jahren – ist aber, dass sich die Welt da draußen geändert hat. Und sich immer noch schneller verwandelt. Die Dynamik hat enorm zugenommen und die Komplexität auch. Wir haben keine Verkäufermärkte mehr, es sind Käufermärkte geworden.

Ich weiß, dass das reichlich zerkaute Binsenweisheiten sind. Das mit den aussterbenden Verkäufermärkten stand schon in meiner Diplomarbeit im Jahr 1996. Hier aber treffen sie einen Nagel auf den Kopf. Wenn nämlich eine Organisationsform nicht mehr zu seiner Umwelt passt – wenn also die Art, wie Arbeit in einem Unternehmen organisiert wird, nicht mehr zu den Eigenschaften des Marktes passt, dann entsteht in der Organisation Stress.

Ganz konkret bedeutet dieser Stress in einem tayloristischen Unternehmen, dass die Anweisungen der Führung nicht mehr zur aktuellen Lage passen. Die Anweisungen kommen zu spät und bieten keine befriedigenden Lösungen für die drängenden Probleme. Das System ist überfordert: Die hierarchische Teilung funktioniert nicht mehr, weil die da oben nicht mehr wissen, was da unten beim Kunden passiert. Die funktionale Teilung funktioniert nicht mehr, weil es zu lange dauert, bis sich die in unterschiedlichen Abteilungen steckenden Leistungsträger durch das Dickicht der Bürokratie hindurch verständigt haben. Und die zeitliche Teilung funktioniert nicht mehr, weil der Plan von gestern heute schon veraltet ist und erst recht morgen so wenig in die Wirklichkeit passen will wie eine Pferdekutsche auf die Autobahn.

Es gibt nun zwei Arten, mit diesem Stress umzugehen. Die eine ist, sich anzupassen und die Organisation ganz grundsätzlich zu verwandeln. Das heißt insbesondere, die Arbeit schneller und ihrerseits viel dynamischer und komplexer zu organisieren, damit Innenwelt und Umwelt wieder zusammenpassen.

Die andere ist, sich zu verhärten und Widerstand zu leisten. – Genau das ist es, was das Theater hervorbringt.

Und zwar so: Die Menschen in der Organisation merken, dass die Anweisungen von oben nicht zur Realität passen und dass das Business schwieriger geworden ist. Immer mehr Mitarbeiter, die das Wohl des Unternehmens im Sinn haben und echte Arbeit machen wollen, befolgen darum die Anweisungen nur noch halbherzig und handeln nach eigenen Einsichten. Sie weichen auf die *Hinterbühne* aus. Die Hinterbühne ist kein Makel, sondern entwickelt sich zum Rückgrat einer Organisation. Sie ist die Vernunft im Unsinn. Da wird der Produktionsschritt aus dem teuer auditierten Prozesshandbuch an wichtiger Stelle kreativ umschifft, damit der Kunde seine Lieferung drei Tage früher erhält. Da wird in das Datenfeld im EDV-System nur Blindtext reinkopiert, weil es sonst ja nicht weitergeht mit dem Kundenprozess und sich den Eintrag später eh keiner anguckt.

Die Führungskräfte bemerken natürlich die zunehmende Diskrepanz zwischen Anweisung und Ausführung und wissen außerdem, dass es dem Unternehmen nicht so glänzend geht. Und jetzt kommt der große Irrtum, der weit verbreitete Fehlschluss: Sie bringen das eine Phänomen mit dem anderen in einen kausalen Zusammenhang. Das ist ein klassischer *Wrong Turn*! Ein menschlicher, allzu menschlicher Denkfehler, über den man mal ein ganzes Buch schreiben sollte.

Das bedeutet im Klartext, dass die Führungskräfte glauben, dass das Abweichen der Mitarbeiter von ihren Anweisungen die Ursache für den Misserfolg ist. Sie denken: Uns geht es nicht gut, weil diese Aufsässigen da unten sich nicht an die Regeln halten! Also müssen wir sie erstens mehr disziplinieren und zweitens noch mehr und noch bessere Regeln aufstellen, an die sie sich zu halten haben.

Wir müssen sie darum mehr steuern und lenken, indem wir genauere Ziele vorgeben und die Prozesse noch präziser festlegen. Wir müssen die Einhaltung der Prozesse und der Ziele mehr kontrollieren, weshalb wir mehr Zahlen erheben müssen und das Berichtswesen ausbauen müssen. Wir müssen mehr und genauer planen und die Planung rigoroser auf alle Mitarbeiter runterbrechen. Wir müssen mehr Leistungsanreize geben, zum Beispiel durch Boni und leistungsorientierte Gehaltssysteme, damit die Leute auch wirklich tun, was die Chefs wollen. Wir müssen die Hierarchie verstärken und der Zentrale mehr Macht geben. Wir müssen intensivere und klarere Gespräche mit den Mitarbeitern führen.

Im Zuge dieser Erziehungsmaßnahmen steigen die Erwartungen der Organisation an das Verhalten der Mitarbeiter immer weiter. Und überall dort, wo Menschen versuchen, den Verhaltenserwartungen eines Systems zu entsprechen, spielen sie – genau! – Theater.

Denn wenn sie den Erwartungen nicht entsprechen würden, wenn sie lieber dem Kunden als der Konservierung der Organisation dienen wollten, dann würden Sie eine Menge Ärger bis hin zum hochkantigen Rauswurf aus der Organisation riskieren.

Dabei ist des Pudels Kern einfach nur ein Missverständnis. Denn die Ursache dafür, dass es dem Unternehmen nicht gut geht, ist gar nicht die generelle Unwilligkeit oder Unfähigkeit der Mitarbeiter, Anweisungen auszuführen, sondern die fehlende Einsicht, dass dynamische Zukunft nicht geplant werden kann, weder durch Disziplin, noch durch hochgerüstete technische Systeme.

Ist das ein Problem? – Ja! Es ist ein zweifaches Problem.

Erstens: Den Menschen im Unternehmen geht es schlecht damit, und zwar allen. Je mehr Theater gespielt werden muss, um den Verhaltenserwartungen der Organisation zu entsprechen, desto unechter ist die Kommunikation der Menschen. Sie müssen wirklich zu Schauspielern werden. Und das macht auf Dauer krank.

Zweitens: Die Unternehmen werden geschwächt, weil ein immer größerer Teil ihrer Kommunikation nicht mehr wertschöpfend ist, sondern lediglich der Aufrechterhaltung der Strukturen dient. Die Absicht dahinter ist nicht zu kritisieren, denn es geht ja schließlich um's Weiterexistieren. Unternehmen, die viel Theater erzeugen, sind auch oft erstaunlich stabil. Aber stabil im Sinne von Starrsinn! Im Sinne von fragil.

Eines Tages schaut nämlich die Realität unangemeldet vorbei … und hat die Abrissbirne mit dabei.

Kapitel 4

Die ganze Welt ist eine Bühne – und für die Unternehmen fällt der Vorhang

Das ganze Theater ist also keine schöne Sache für Mitarbeiter. In Ordnung. Aber die Führungskräfte in den Unternehmen sind ja keine Trottel. Gut, der eine oder andere ist nicht über jeden Zweifel erhaben, Sie werden Ihre Pappenheimer kennen, aber im Großen und Ganzen haben wir hierzulande, in den Familienbetrieben und in den mittelständischen Unternehmen genauso wie in den großen Konzernen, ganz hervorragende Führungskräfte, behaupte ich großmäulig. Ich glaube sogar, wir können stolz darauf sein, wie engagiert in den Unternehmen Teams, Abteilungen, Unternehmenseinheiten und Zentralen geführt werden. Ich habe sehr viele Chefs kennengelernt in den letzten Jahren, und eines ist für mich sonnenklar: Sie wollen (fast) alle nur das Beste!

Und sie sehen ja, dass viele Meetings für die Katz sind. Sie spüren ja, dass ihre Managementmethoden oft mehr Unheil stiften als Gutes bewirken. Sie merken ja, dass ihr Management allzu oft nicht durchdringt und den Laden nicht flottet.

Also tun sie das, was naheliegt: Sie verbessern weiter, was sie gut können, sie professionalisieren ihr Management. Sie versuchen realistischere Ziele vorzugeben. Sie wenden modernere Managementmethoden an. Sie verfeinern das Berichtswesen. Sie überarbeiten die Prozessbeschreibungen. Sie differenzieren die leistungsgerechte Bezahlung. Sie wenden aufwändige Methoden im Personalwesen an, um den Recruitingprozess zu optimieren. Sie planen mehr und genauer. Sie veranlassen die Erstellung von Checklisten und ergebnisorientierten Aufgabenbeschreibungen. Sie machen genauere Vorgaben. Sie geben detailliertes Feedback. Kurz: Sie arbeiten noch härter und tun genau das, was im tayloristischen Denkrahmen des Managements ihre Kernaufgabe ist.

Oder anders gesagt: Sie intensivieren und vermehren das, was ohnehin schon nicht funktioniert. Sie verwechseln fatalerweise das Problem mit der Lösung.

Am Rande der Klippe

Nehmen Sie das nicht auf die leichte Schulter! Wenn Sie immer noch glauben, dass es damit getan ist, dass Sie eben einfach das eine oder andere Meeting und das eine oder andere Mitarbeitergespräch streichen oder leicht verändern, um das Theater zu reduzieren, dann haben Sie noch nicht verstanden, wie tiefgreifend schädlich es für das ganze Unternehmen ist. Zwischen gut gemeint und gut gemacht fließt der Mississippi. Diese gut gemeinte, aber das Gegenteil vom Gemeinten bewirkende Haltung ist fatal, denn wenn in einem Unternehmen die Theatertätigkeiten die wertschöpfenden Tätigkeiten überwiegen, dann bewirkt das letzten Endes einen Zangengriff auf das Unternehmen: Auf der einen Seite hören die Mitarbeiter irgendwann frustriert auf, den Laden auf der Hinterbühne zusammenzuhalten. Auf der anderen Seite tauchen am Horizont des

Marktes agile, theaterarme Unternehmen auf, zum Teil vom Branchenusus völlig unbelastete Seiteneinsteiger aus anderen Branchen.

Das Einbrechen der Hinterbühne ist heute so ziemlich das Zweitschlimmste, was passieren kann, denn das bedeutet, dass sich am Ende zwar jeder um Prozesseinhaltung, aber keiner mehr um Leistungserbringung kümmert. Das Unternehmen wird einfach schlechtere und immer schlechtere Ergebnisse erbringen. Stellen Sie sich zum Beispiel den Telekomanbieter vor, über den die Kunden schon lachen, wenn nur der Name fällt, weil ein Umzug garantiert mit mehreren Wochen telefonfreier Zeit einhergeht, weil falsche Rechnungen verschickt werden, weil die Umstellung jedes einzelnen Kunden von ISDN auf Voice-over-IP das Internet für den ganzen Straßenzug für einen halben Tag lahmlegt, weil es unmöglich ist, bei der Service-Hotline Service zu bekommen, weil schlicht die linke Hand nicht zu wissen scheint, was die rechte tut. Vielleicht kennen Sie sowas ja. Außerdem kann sich ein Unternehmen mit zu vielen Mitarbeitern, die nur noch *Dienst nach Vorschrift* machen, nicht mehr erneuern und tiefgreifend verbessern. Das bedeutet: Keine oder weniger neue Produkte als der Wettbewerb, keine Anpassung des Geschäftsmodells an neue Herausforderungen, kein kontinuierlicher Lern- und Verbesserungsprozess.

Das würde aber noch nicht reichen, um das Unternehmen zugrunde zu richten. Es ist wie bei einem lahmenden Spaziergänger, der am Rande des Abgrunds entlanghumpelt: Er ist ja immer noch oben!

Im Unternehmen heißt es dann: Ist ja alles nicht so wild. Natürlich läuft nicht alles rund bei uns, aber wir verdienen ja gutes Geld. Ja, und viele Mitarbeiter machen Dienst nach Vorschrift, okay. Aber das ist ja genau der Sinn von Vorschriften. Wenn alle Dienst nach Vorschrift machen, dann läuft der Laden doch. Es müssen nur einfach alle ihre Vorgaben erfüllen. Oder?

Was es braucht, um abzustürzen, ist dann nur noch ein kräftiger Schubs.

In der Welt der Wirtschaft kommt dieser Schubs vom Wettbewerb. Und das ist dann so ziemlich das Schlimmste, was einem Unternehmen passieren kann.

Auf die Kunden – und auf die alleine kommt es am Ende immer an – wirken also zwei in die gleiche Richtung weisende Kräfte, die sich überlagern und verstärken: Eine abstoßende Kraft, weg vom theaterlastigen Unternehmen, einfach, weil dessen Leistung schlechter und schlechter wird und die Kunden, selbst die loyalsten, irgendwann einfach nur noch genervt sind. Und eine anziehende Kraft, hin zu dem anderen, dem agilen Unternehmen, einfach, weil dessen Leistung besser ist: schneller, pünktlicher, kundenorientierter, mit den besseren, neueren, fortschrittlicheren Produkten. Außerdem ist es profitabler und kann darum viel bessere Preise machen.

Was der Kunde tut, wenn diese beiden Kräfte auf ihn wirken, ist reine Physik. Das Einzige, was ihn dann noch hält, ist Trägheit …

So weit, so gut. Oder eher: So weit, so schlecht. So sieht das in etwa aus, wenn Sie die Beobachterposition einnehmen und von außen bzw. von oben auf das Unternehmen schauen. Das wirklich Gemeine an diesem gefährlichen, zerstörerischen Prozess ist aber, dass Sie ihn so gut wie nicht bemerken, wenn Sie im Unternehmen drinstecken. Und das tun wir doch alle!

Es ist wie beim vielzitierten und bisweilen überstrapazierten Frosch im Kochtopf: Mitarbeiter und Führungskräfte spüren zwar ihr Leiden, aber sie adaptieren, sie passen sich an, sie gleichen Defizite aus, sie machen Überstunden, sie projizieren und geben anderen die Schuld dafür, sie kompensieren und versuchen irgendwie weiterzumachen. Sie können auch nicht genau nachvollziehen, wo das Unwohlsein herkommt. Und dann ist es plötzlich zu spät, das Unternehmen stürzt Hals über Kopf in den Abgrund der roten Zahlen, die Arbeitsplätze purzeln, die Notfallmaßnahmen setzen ein, der Patient kommt auf die Intensivstation.

Als ob das alles ganz überraschend gekommen wäre! In Wahrheit wissen alle Beteiligten, bis hinunter zum Pförtner, dass über all die Jahre der Kochtopf immer heißer geworden ist. Präziser: Sie könnten es wissen. Aber weil sie sich nicht die richtigen Fragen stellen, ist es ihnen nicht bewusst.

Das ist auch kein Wunder, denn nur wenige im Unternehmen haben sich den aktiven, wachen Blick nach außen bewahrt. Die anderen sind

Teil einer Organisation, die sich jahre- oder jahrzehntelang mit tayloristischen Überzeugungen verblödet hat. Im Zuge der kollektiven Dummheit versuchen alle Frösche im Unternehmen weiter zu schwimmen. Bis zum Schluss.

Das Fiese ist eben, dass der Niedergang durch Unternehmenstheater ein schleichender ist. Scheibchen für Scheibchen wird die Wertschöpfungssalami kleiner. Szene für Szene wird das Stück, das auf der Vorderbühne aufgeführt wird, ausgebaut und aufgehübscht. Über Jahre.

Hier will ich mal genauer hinschauen: Wie ist es eigentlich, in einem Unternehmen zu arbeiten, das am Abgrund entlanghumpelt und auf den finalen Schubser wartet? Warum wird die Gefahr nicht thematisiert? Oder wird sie vielleicht thematisiert, aber aus irgendeinem Grund wird dennoch nicht umgesteuert? Stellen sich alle Beteiligten blind und taub und stumm, wie die berühmten drei japanischen Affen?

Der Mythos von den drei Affen beruht übrigens mit großer Wahrscheinlichkeit schlicht auf einem Übersetzungsfehler: In der Lehre des buddhistischen Gottes Vadjra gab es vor rund 1200 Jahren einen Lebenshilfe-Tipp, der heute noch ziemlich modern klingt: Du sollst nichts Böses sehen, nichts Böses hören und nichts Böses sagen. Auf neudeutsch: Positives Denken. Die japanischen Wörter dafür heißen mizaru, kikazaru und iwazaru. Dabei bedeuten *mi* sehen, *kika* hören und *iwa* sagen und der Partikel *zaru* einfach jeweils die Verneinung, also *nicht-sehen, nicht-hören, nicht-sagen. Zaru* klingt aber genau gleich wie *saru* – und das heißt auf Japanisch *Affe*.

So kamen beim Weitererzählen der buddhistischen Lehre von Indien über China bis nach Japan irgendwann die Affen ins Spiel und drumherum wurde eine Legende gebastelt, bei der die drei *weisen* Affen anlässlich eines Festes den Göttern über die Menschen berichten sollten. Sie hatten nicht nur Gutes zu berichten und zogen es darum vor, die Augen, die Ohren und den Mund zu verschließen, um die Menschen nicht in die Pfanne zu hauen.

Dieses Verhalten mag ehrenwert sein, aber am Ende hilft es ja weder den Göttern noch den Menschen. Also machen wir lieber Augen und

Ohren auf und reden darüber: Was hält Mitarbeiter und Führungskräfte davon ab, wieder mehr zu arbeiten? Warum steuert niemand gegen? Ist der Prozess eine Einbahnstraße, ist er irreversibel?

Zwölf Mal im Jahr Weihnachten

Zuerst: In einem Unternehmen zu arbeiten, das am Abgrund entlanghumpelt, fühlt sich ganz normal an. Sie kennen das: Sie treffen jemanden oder telefonieren mit jemandem und der- oder diejenige fragt Sie: „Na, wie geht's?"

Darauf Sie: „Ach, geht schon. Der ganz normale Wahnsinn eben."

Und der oder die andere weiß plötzlich genau, was Sie meinen. Denn jeder kennt diesen ganz normalen Wahnsinn und hält ihn – eben! – für ganz normal.

Das fühlt sich zum Beispiel so an: Sie sind eine Führungskraft in einem typisch deutschen Maschinenbauunternehmen. Der Kunde hat einen Vertrag mit einem verbindlichen Liefertermin. Und Sie wollen natürlich auch pünktlich liefern. Müssen Sie sogar, denn in diesen Verträgen ist das Reißen des Liefertermins mit einer saftigen Strafzahlung verbunden. Außerdem haben Sie genaue Vorgaben für die Beschaffenheit des Produkts, nämlich die Spezifikationen.

Qualität auf Termin, das ist die externe Referenz. Das kann schnell zum Problem werden, weil zum Beispiel der vereinbarte Liefertermin ziemlich knapp ist und Qualität immer seine Zeit braucht. Aber um Probleme zu lösen braucht es eben die Besten, und Sie sind einmal angetreten mit genau diesem Stolz: Probleme lösen, das können Sie!

Wäre das das Stück, das aufgeführt werden soll, dann hätten Sie sozusagen ein Heimspiel. Nur leider müssen Sie ein ganz anderes Stück aufführen: Ihre Geschäftsleitung hat nämlich Monatsziele ausgegeben. Und diese Ziele beziehen sich auf den geleisteten Umsatz. So ist das üblich: In die Bilanz wird das reingeschrieben, was an Arbeit geleistet und berechnet wurde, auch wenn das Geld noch nicht da ist. Und an die bilanzierten Umsätze ist die Zielerreichung geknüpft. Auch Ihre Zielerreichung.

Ob das Umsatzziel für den laufenden Monat erreicht wird oder nicht, hängt in Ihrem Fall davon ab, ob Sie und Ihr Team diese eine Maschine, an der Sie arbeiten, noch bis zum Monatsletzten fertigstellen oder eben nicht.

Ginge es um den vereinbarten Liefertermin, dann hätten Sie noch Luft, vor allem, um qualitätsmäßig noch einiges rauszuholen. Aber hier geht es nicht alleine um die *externe Referenz*, also das, was der Kunde will, sondern außerdem und vor allem um die *interne Referenz* – das, was das Unternehmen will. Und ohne diesen einen Umsatzposten schaffen Sie es eben mal wieder nicht. Also setzen Sie und Ihre Leute alles daran, um diese Maschine noch vorzeitig fertigzubekommen. Sie arbeiten wie wild daran. Es wird knapp. Sie ziehen Leute aus allen möglichen Unternehmensbereichen ab, um die Manpower zu verstärken und das Ding irgendwie zusammenzuklopfen. Da ist natürlich niemand mehr so produktiv, wie er sein könnte, weil ein Mitarbeiter aus dem Zuschnitt oder der Dreherei zwar vielleicht kein schlechter Monteur ist, aber eben auch kein so guter Monteur wie diejenigen, die das jeden Tag machen. Die Produktivität pro Mitarbeiter sinkt. Das Unternehmen arbeitet gemessen an seinen eigenen Standards ineffizient. Normalerweise achten alle darauf. Nur eben nicht an den letzten Tagen des Monats. Hauptsache, die Maschine geht noch raus!

Und übrigens: Was geschieht mit der Arbeit, die im Zuschnitt und in der Dreherei gerade liegenbleibt?

Erstmal egal! Sie machen Überstunden. Sie ackern. Und natürlich nehmen Sie hier und da bei der Montage eine Abkürzung. Denn es geht hier nur darum, den Monatsumsatz zu schaffen, ganz unabhängig davon, ob der Kunde die Maschine so dann auch abnimmt oder wann letztlich das Geld fließt. Es kann sein, dass so im nächsten Monat Mehrarbeit produziert wird, weil Sie nochmal nachbessern müssen. Aber im Moment haben Sie ja eh keine Wahl.

Oder?

Diese Hektik, die da für ein paar Tage entsteht, ist für alle Beteiligten grauenhaft. Früher war das nur vor Weihnachten ganz normal. Da musste alles fertig werden, weil Jahresende war. Aber heute ist in Ihrem Unternehmen zwölf Mal im Jahr Weihnachten.

Und das nicht etwa, weil dieser Monatsende-Verschwendungsmodus speziell so angeordnet wurde, sondern weil alle im Unternehmen, Sie und Ihr Team und auch die Kollegen aus den anderen Bereichen unbedingt auch selbst die Ziele erreichen wollen. Am Unternehmenserfolg hängt ja schließlich am Ende auch Ihr Gehalt. Außerdem ist es einfach furchtbar demotivierend, ein Spiel zu verlieren. Also versuchen Sie es zu gewinnen. Jeden Monat auf's Neue. Es ist schon ein Automatismus geworden.

Die interne Referenz dominiert in diesem Fall die äußere Referenz. Denn das Theater, das Sie hier gemeinsam aufführen, hat nichts, aber auch gar nichts mit dem Kunden zu tun: Für ihn spielt es überhaupt keine Rolle, ob Sie Ihr Monatsziel erreichen oder nicht.

Ja, vielleicht steht die Maschine ja dann sogar erstmal vier Wochen im Lager herum, weil der Kunde gar keine Zeit hat, sie schon jetzt abzunehmen.

Auch wenn die interne Referenz ursprünglich einmal in guter Absicht als eine Art Übersetzung der externen Referenz entstand, so passen heute interne und externe Referenz nicht zusammen, so ein Liefertermin passt eben nicht zwangsläufig gut zu den Umsatzzielen des Herstellers.

Um die Diskrepanz zwischen der Realität und dem Theaterspiel noch deutlicher zu machen: Stellen Sie sich vor, einer aus dem Team ruft beim Hersteller an und fragt: „Wir werden früher fertig, Sie nehmen die Maschine doch auch schon früher, oder?"

Der sagt natürlich: „Klar, gerne. Aber zahlen werden wir erst zum vereinbarten Termin. Wegen unserer Finanzplanung ..."

Darauf der vom Hersteller: „Kein Problem, für uns ist nur wichtig, dass wir jetzt schon liefern und fakturieren, zahlen können Sie selbstverständlich wie ursprünglich vereinbart."

Schauen Sie, was passiert: Nicht nur ist das reale Kundeninteresse und -bedürfnis vollkommen außen vor, es ist sogar so, dass den Spielern das reale finanzielle Interesse des Unternehmens egal ist. Das vorgeschobene Argument für den ganzen Stress lautet: Der Kunde hat die Maschine früher bekommen, wir haben das für den Kunden getan. Oder wahlweise:

Wir haben die Rechnung früher geschrieben, wir haben das für unser Unternehmen getan. Doch in Wahrheit wollte der Kunde die Maschine nicht früher und das Geld fließt auch nicht früher. Es ging nur um das Spiel.

Am Ende heißt es: Wir haben das Monatsziel erreicht! – Doch das gaukelt eine gute Leistung nur vor. Wem eigentlich? Den Kapitalgebern? Der Belegschaft? Dem Wettbewerb?

Eine wirklich gut geführte Fabrik erhält sich eine hohe Produktivität, indem sie ihre Leute da einsetzt, wo sie am besten sind. Sie sorgt für einen gleichmäßigen Fluss der Materialien, für eine gute Auslastung der Maschinen und dafür, dass die Mitarbeiter weder über- noch unterfordert sind. Das ist die eine interne Referenz. Sie dient dem Wertschöpfungssystem des Unternehmens und damit am Ende sogar dem Kunden. Die andere interne Referenz ist der Monatsumsatzplan. Sie dient dem Theater und damit dem formellen System des Unternehmens. Beides zusammen geht aber nicht. Das heißt faktisch: Sie müssen sich entscheiden! Entweder Sie leisten wirklich, dann verfehlen Sie die formellen Ziele und werden dafür bestraft. Oder Sie spielen das Theater mit und werden belohnt, incentiviert, befördert und gelobt.

So ist es nicht nur bei diesem Maschinenbauer: Ich bin es gewohnt, dass ich in vielen Unternehmen in den letzten fünf Tagen des Monats einfach keinen Termin mehr bekomme. Frage ich an, bekomme ich zur Antwort: Was? Am 28.? Nein, da geht's nicht, ist doch fast Monatsletzter, da sind alle am Rotieren!

Das Besondere an diesem ganz normalen Wahnsinn ist nun, dass dieses Monatsrechnungsumsatzziel, das diese routinemäßige Hysterie auslöst, von den Führungskräften nach bestem Wissen und Gewissen ausgehandelt, geplant und bekanntgegeben wurde. Weil man das so macht, wenn man einen Laden professionell führen will.

Ziele und andere Policies gehören zur formellen Struktur des Unternehmens, nicht zur Wertschöpfungsstruktur. Wie schon beschrieben, können Sie das einfach dadurch abprüfen, dass Sie die Tätigkeit multiplizieren: Bauen und verkaufen Sie pro Zeitperiode doppelt so viele Maschinen, dann erreicht das die Kunden sehr wohl: Sie können das am verdoppelten Umsatz pro Zeitperiode ablesen. Aber wenn Sie doppelt so viele Ziele aushandeln, sie doppelt so lange verhandeln und doppelt so oft kommunizieren, verdoppelt das Ihren Umsatz noch lange nicht! Denn der Kunde kommt in diesem Ziele-Spiel gar nicht vor. Früher war das folgenlos. Heute resultiert aus solchen Zielen kostspieliges Theater.

Verblüffend dabei ist: Alle im Unternehmen machen mit! Und zeigen Sie mir die Führungskraft, die keine Monats- Quartals- oder Jahresziele für Umsatz, Absatz, Kosten und Gewinn ausgibt!

Die Planer, die diese Ziele vorgeben, wollen ja eigentlich nur Gutes bewirken: Sie wollen eine gleichmäßige Bilanz zum Zwecke möglichst gleichmäßiger Liquidität. Außerdem drängeln die Banken auf Einhaltung der Planzahlen. Es ist also auch von dieser Warte aus ein Schauspiel, das sich wunderbar selbst am Leben erhält, und jeder kann sagen: „So muss das aber nun mal sein!"

Warum? Weil alle den Erfolg des Unternehmens wollen. Also wollen alle Ziele haben und diese Ziele auch erreichen. Dass die Ziele selbst das Problem sein könnten, weil sie mit dem Erfolg des Unternehmens gar nicht korrelieren, darauf kommt aber keiner, der drinsteckt. Das sehen Sie nur von außen.

Abwehrschlachten

Wenn Mitarbeiter und Führungskräfte auf ihre Version des ganz normalen Wahnsinns angesprochen werden, dann weiß jeder, dass da irgendein unglaublich ineffizienter, kräftezehrender und nervenaufreibender Mechanismus dahintersteckt. Aber sie denken: Das muss wohl so sein. Wir kennen das ja auch gar nicht anders. Und bei den Kollegen in den anderen Unternehmen der Branche läuft das tupfengleich.

Und immerhin: Die Unternehmenszahlen können sich sehen lassen. Der Laden verdient Geld. Sie sind ja durchaus erfolgreich.

Und mit einem Anflug von Arroganz in der Stimme ist zu hören: „Nun ja, so geht es eben zu bei einem richtigen Unternehmen. Wir sind hier ja in der Realwirtschaft."

Dahinter steckt: All die anderen Ideen, wie das grundsätzlich anders und besser laufen könnte, das sind ja nur Spinnereien. Ganz nett. Und welchen großen Bruder *nett* hat, wissen Sie ja.

Wenn Sie andere Vorstellungen und Ideen skizzieren und sogar reale Beispiele von anderen Unternehmen und anderen Branchen nennen, dann hören Sie eine Dauersendung von Totschlagargumenten. Ich versuchte einmal einem Maschinenbauer zu verdeutlichen, wie sich dm-Drogeriemarkt organisiert und welche enormen Wettbewerbsvorteile das Unternehmen damit in seiner Branche herausholt.

Die Antwort war vorhersehbar: „Ich bin aber nicht dm! Wenn wir es so einfach hätten wie eine Drogeriemarktkette, dann könnten wir uns auch so aufstellen. Aber bei uns ist es eben nicht so einfach."

Klar, er glaubte, dass seine Komplexität noch viel komplexer ist als die Komplexität aller anderen. Das geht reflexartig jedem so, ist aber nichts anderes als eine Abwehrreaktion. Ein Mangel an Vorstellungskraft vielleicht. Oder auch nur ein Ausdruck von bereits lang ertragenem Selbstmitleid.

Eine andere Sorte Abwehr trägt das Etikett *realistisch*. Wenn Sie nachbohren, woran es liegen könnte, dass das mit den Zielen nicht gerade optimal funktioniert, wird niemand die Ziele selbst in Frage stellen, sondern stets nur deren Höhe.

Die Ziele müssen eben realistischer gesetzt werden!, lautet dann die Forderung. Oder cleverer formuliert werden. Das unterschreibt jeder sofort. Denn in der althergebrachten Managementliteratur wird ja überall gefordert, dass Ziele SMART sein müssen. Je nach Sprache und Anbieter des Managementtrainings steht in dieser Formel dann entweder A für achievable oder R für realistisch – das kommt auf's Gleiche raus.

Der Punkt ist: Auch wenn alle fordern, dass Ziele anspruchsvoll, aber erreichbar und insofern ambitioniert und realistisch sein müssen, so weiß doch kein Mensch, was realistisch wäre. Wie soll man das in einer komplexen Welt auch wissen? Ein Ziel im Vorfeld als realistisch zu bezeichnen, ist heutzutage völlig haltlos, eine alberne Metapher.

Egal ob Umsatz, Ertrag, Stückzahl oder Wachstum – Sie stehen da und hören eine Zahl. Der Klassiker ist, bei Wachstumszahlen entweder plus fünf Prozent oder plus acht bis zehn Prozent zu setzen. Ich habe schon viele Zielvorgaben gesehen und spannenderweise tauchen immer wieder die gleichen Zahlen auf. Das scheint eher ein kulturelles Phänomen zu sein, das ganz unabhängig von dem bunten Zoo der am Ende tatsächlich erreichten Wachstumsraten abläuft.

Und die Ziele sind auch immer irgendwie attraktive, ganze Zahlen. Wir leben ja im metrischen System. Ein Unternehmerfreund gab einmal als Ziel aus: 100 Millionen bis 2020. Rundes Jahrzehnt, runde Summe. Er sagte also nicht: Bis 2019 wollen wir 92,8 Millionen machen, oder 102,3 – denn die Zahl war ja nicht irgendwie errechnet oder präzise hergeleitet, sondern luftig in die Landschaft gesetzt. Sie klingt halt gut: Sportlich, ambioniert und leicht memorierbar.

Und dann fragt einer nach: „Wie sollen wir das denn schaffen?"

So scharf geschnitten die Zahl auch war, so unscharf wird es dann ab diesem Moment mit den Argumenten. Denn in Wahrheit existiert meistens überhaupt keine hinreichende Idee, wie das Ziel erreicht werden soll. Weder beim Chef noch bei seinen Mitarbeitern.

Genau das ist das Problem: Ob das Ziel realistisch bzw. erreichbar ist oder nicht, spielt keine Rolle, solange niemand eine Idee hat, wie das auch noch so realistische Ziel zu erreichen sein wird. Realismus ist bei Zielen schlicht irrelevant.

Ich war mal als Berater bei einem Produktionsunternehmen, wo wir die ganze Fabrik durchleuchteten, um Potenziale aufzuspüren. Weil wir schon jede Menge anderer Fertigungshallen gesehen und die eine oder andere Idee im Gepäck hatten, wie das Unternehmen sich auch ganz anders organisieren könnte, schlugen wir als Ziel vor, die Durchlaufzeiten in der Produktion zu halbieren. Wir Berater fanden das vollkommen realistisch.

Aber die Ideen und Erfahrungen der Führungskräfte und Mitarbeiter waren völlig andere. Für sie klang halbieren wie ein furchtbarer Blödsinn, Unsinn, Schwachsinn. Sie fragten: „Wie soll das denn gehen, bitte?"

Zwei bis drei Prozent hin oder her, das kann sich jeder vorstellen, denn das ist alleine durch Mehrarbeit stemmbar. Dann müssen wir eben mehr ranklotzen. Das fühlt sich aber an wie Druck. Und genau so werden die Ziele dann auch wahrgenommen: Die Chefs machen wieder Druck.

Tatsächlich erfüllen Ziele für viele Führungskräfte auch genau diese Funktion: Irgendwie müssen wir unsere Leute ja in den Hintern treten, damit sie arbeiten! Pardon: Irgendwie müssen wir die Mitarbeiter ja motivieren …

In den ambitionierten Zielvorgaben von oben ist implizit immer eine destruktive Botschaft versteckt: Wenn die Mitarbeiter zwölf Prozent produktiver sein könnten, ja, warum sind sie es denn dann jetzt noch nicht? Halten die Leistung zurück? Arbeiten die gerade nur so viel, wie sie müssen, und lassen den Schraubenschlüssel fallen und schalten den Computer aus und gehen in die Kaffeeküche zum Quatschen, sobald sie die geforderten Meilen gelaufen sind? Sind die faul?

Nein, sind sie nicht. Mitarbeiter wollen leisten und gute Arbeit abliefern. Dennoch fehlt ihnen die Idee, wie sie die geforderten Prozente Steigerung erreichen sollen. Die Zahl war ja auch zuerst da, nicht die Idee!

Und so ganz ohne Vorstellung, wie das gehen könnte, fragen sie: „Ist der Markt nicht längst gesättigt?" Und sie spüren den Vorwurf, der im Raume steht: „Wenn ihr nur bereit wärt, auch mal die Extrameile zu gehen, dann würde das mit den zehn Prozent schon klappen!"

Die Extrameile? Verstehen Sie das? Au weia. Schlimm genug, dass das gängiger Management-Jargon ist. Übersetzt bedeutet die Extrameile in etwa: „Wir wissen, dass du weißt, dass wir wissen, wie das Spiel läuft. Außerdem wissen wir, dass du weißt, dass wir wissen, dass du das Spiel genauso kennst. Darum wissen wir selbstverständlich auch, dass du weniger arbeitest, als du könntest. Denn würdest du dein Bestes geben, dann würdest du bei der nächsten Budgetrunde, die die nächste Forderung nach Leistungssteigerung bringt, blank da stehen. Mehr als hundert Prozent geht halt nicht. Natürlich gibst du darum nur 87 Prozent, damit du bei der nächsten Runde eine kleine Schippe drauflegen kannst und 89 Prozent geben kannst. Ich brauche von dir aber jetzt mindestens 91 Prozent, sonst kann ich meine eigenen Vorgaben nicht erfüllen, die mein Vorgesetzter mir abgepresst hat, weil er selber auch bessere Zahlen braucht. Darum strietze ich dich jetzt: Geh die Extrameile! Leiste mehr! Und wenn du so blöd warst, entgegen den Regeln schon dein Bestes gegeben zu haben, du Depp, dann hast du Pech gehabt. Dann bist du raus!"

Nochmal: Es geht halt nur um Zahlen, nicht um Fakten.

Und das mit der Idee, wie sie die Ziele erreichen sollen: „Dafür werden sie doch hoch und höchst bezahlt!", denkt der Chef. Die sollen sich was einfallen lassen!

Es stimmt, die Mitarbeiter werden meistens sehr gut bezahlt. Aber die Idee, die gebraucht wird, haben sie deswegen noch lange nicht. Ideen kann man nämlich, ganz entgegen landläufiger Vorstellungen, nicht erarbeiten. Ideen sind nicht Ergebnis eines Prozesses oder einer Produktion. Ideen sind Einfälle. Sie kommen oder sie kommen nicht. Und schon gar nicht kommen sie in dem Moment, in dem sie gefordert werden oder kausal begründet durch ein hohes Gehalt.

Stillschweigend wird in diesem ganzen Ziele-Irrsinn auf der Vorderbühne vorausgesetzt, dass die Mitarbeiter so gut sind, dass sie genügend Ideen haben, um die Ziele zu retten. Auf der Vorderbühne wird so getan, als könnte man einen prozentualen Zuwachs planen und dann einfach exekutieren. Aber in Wahrheit wird das nichtmal ansatzweise versucht zu planen. Denn so ein Plan würde ja schon eine gute Idee voraussetzen, wie der Plan umgesetzt werden soll. Jetzt kann jeder nur hoffen, dass auf der Hinterbühne gebastelt, gewurschtelt, improvisiert wird – und teilweise dann tatsächlich mit genialen Ideen Einzelner der Kahn noch eine Weile über Wasser gehalten wird.

Es ist nämlich nicht auszuschließen, dass ein gutes Team die acht oder zehn Prozent tatsächlich schafft – während es auf dem letzten Loch pfeift und merkt, dass es ein verdammt blödes Spiel verdammt gut mitspielt. Und dann geht es in die nächste Runde …

Ein Effekt dabei ist: Früher oder später breitet sich unweigerlich Zynismus aus. Den spüre ich überall. Der Zynismus in den Unternehmen wächst. Und er wächst auch ganz ohne Ziel …

Harte Arbeit

Ich finde das schlimm. Wenn ich daran denke, wie Menschen in diesem ganzen Theater zerrieben, verbogen, ja gequält werden, dann erfasst mich das kalte Grausen. So richtig bewusst wurde mir das neulich, als ich den brillant gemachten und 2012 mit dem Grimme-Preis ausgezeichneten Dokumentarfilm *Work hard play hard* von Carmen Losmann im Kino ansah. Dieser Film hat Spielfilmlänge und macht nichts anderes, als Kamera und Mikrofon ruhig auf Meetings, Vorstellungsgespräche, Trainings, Feedbackgespräche, Assessmentcenter oder Beratungsgespräche in deutschen Unternehmen zu richten. Der Film kommt komplett ohne Kommentare oder Sprechertexte aus, die bittere Realität spricht für sich selbst.

Sie erleben schonungslos mit, wie ein Bewerber etwas schüchtern seinen auswendiggelernten Text auf die vorhersehbaren Fragen aufsagt: „Meine Stärken? Ich bin ehrgeizig. Vielleicht manchmal etwas zu sehr …"

Sie sehen, wie die Personaler ihre Notizen machen und den vorgefertigten Fragebogen durcharbeiten, Kreuzchen und Häkchen machen und die Antworten nach Schlüssel- und Reizwörtern filtern und bewerten. Dann geht der Bewerber raus. Sie sehen ihn im Hinterhof auf einem Schemel sitzen. 60 Sekunden hält die Kamera drauf und offenbart seine Einsamkeit, sein Ausgeliefertsein.

Sie hören eine Führungskraft, die sagt: „Meine Vision ist, dafür zu sorgen, dass das auch was Bleibendes ist, also diesen kulturellen Wandel wirklich nachhaltig in die DNA jedes einzelnen Mitarbeiters bei uns entsprechend zu verpflanzen …" – und jedes Wort tut weh wie Schnitte in die Haut.

Sie wohnen Sitzungen bei, Gesprächen von Beratern mit Kunden, und Sie hören zu, wie die Berater versuchen, mit antrainierten Argumenten die Kunden zu überzeugen. Alles klingt hohl, artifiziell, worthülsig, austauschbar und aufgesagt wie in einem B-Movie mit schwach geschriebenem Drehbuch und minderwertiger Regie. Aber das ist ja die Realität! Und sie ist sehr beklemmend.

In dem kleinen Programmkino in Hannover saßen außer mir knapp 30 Leute. Ich saß da, der Abspann lief, das Licht ging an. Da bemerkte ich, wie elend mir war. Ich war am Boden zerstört. Klar, es waren nur gut gewählte Ausschnitte, aber dennoch war das, was ich da eben gesehen hatte, die wahre Realität dessen, was in normalen, modernen, deutschen Unternehmen Arbeit genannt wird. Ich habe so viele Unternehmen von innen gesehen und ich weiß: Genau so schlimm ist es wirklich.

Zwischen den Zeilen schmeckte der Film bitter. Die Gesichter der Menschen, die gezeigt wurden, waren nicht glücklich, begeistert, fröhlich, sondern sie waren schlicht professionell: also kühl, kontrolliert, ernsthaft. Aber dahinter auch unglaublich verunsichert und verletzt.

Und das deprimierte mich sehr. Mehr noch, ich war schockiert.

Ich sah mich um. Da waren noch andere Paare, die wie ich sitzen geblieben waren und konsterniert auf die Leinwand starrten. Manche tuschelten. Hinter mir stand einer auf und sagte zu seiner Begleiterin so etwas wie: „Was war das denn? Der Film hatte ja überhaupt keine Story."

Doch, er hatte eine. Die eigentliche Story bestand für mich in der Reaktion der Leute. Ich belauschte sie im Hinausgehen.

Manche waren auch sehr niedergeschlagen, schüttelten den Kopf. Aber nicht alle. Einer zum Beispiel sah irgendwie stolz aus und sagte: „Das war gut getroffen. Tolle Doku. Jetzt hast du mal gesehen, wie das bei uns so läuft. So macht man das, so arbeiten Profis. Die waren gut. Ich wünschte, wir wären auch immer so professionell."

Ich starrte ihn an. Der meinte das ernst! Der hatte nichts verstanden! Zumindest hatte er nicht gesehen, was ich gesehen hatte, obwohl er 90 Minuten auf ein und dieselbe Leinwand geschaut hatte!

Jetzt war ich noch schockierter.

Denn genau das ist der Punkt: Wenn Sie mittendrin gefangen sind in dem ganzen Theater, wenn Sie eine tragende Rolle im Ensemble und ein ambitionierter Schauspieler im Unternehmenstheater sind, dann verwechseln Sie das Artifizielle mit dem Natürlichen, Sie verwechseln die Fiktion mit der Realität, Sie glauben, dass das ganze Theater wirklich gute Arbeit ist.

Mir kommt es so vor, als gäbe es viele Menschen, die wie in Trance herumlaufen und in einer völlig eingeschränkten, künstlichen Welt gefangen sind – und andere, leider deutlich weniger, die wach sind und deshalb viel mehr wahrnehmen können. Und darum auch wahrnehmen, wenn ein Mensch sich nicht wie ein Mensch verhält, sondern wie eine Figur in einem Drama. Oder in einer Komödie.

Gepresstes Laub

Allerdings: Wenn Sie ein wenig darauf geeicht sind, dann fällt Ihnen an allen Ecken und Enden auf, dass die Kulissen flach und die Requisiten aus Pappmaché sind.

Nehmen Sie nur eine Situation, in der in einem Unternehmen Mitarbeiter unter Druck gesetzt werden, indem die Policy verschärft, der Prozess genauer beschrieben und das zugehörige Handbuch im Umfang verdoppelt wird. Es wird ab und an Mitarbeiter geben, die sagen: „Jetzt mache ich nur noch Dienst nach Vorschrift!"

Und alle, sowohl die Kollegen als auch die Chefs wissen genau, wie das gemeint ist, nämlich als Drohung!

Eigentlich müssten ja alle sagen: „Na, endlich! Gut, dass er's kapiert hat!"

Aber alle wissen, dass der Laden zusammenbrechen würde, wenn alle nur noch *Dienst nach Vorschrift* machen würden. Das zeigt doch, dass unter einem sehr dünnen Firnis von Professionalität jeder genau weiß, was den Laden wirklich am Laufen hält, nämlich gerade nicht die Policy, die Prozesse nebst Handbuch. Sondern das Können und die Fähigkeit der Mitarbeiter, die durch Tools oder Managementmethoden nicht ersetzbar sind.

Prozesse sind tote Gegenstände. Formelle Kommunikation, wie Reports und Anweisungen, ist reine, leblose Information. Das Idealbild, das an der Hochschule und in den Business Schools gelehrt wird und nach dem in vielen Unternehmen gestrebt wird, besteht nur noch aus reiner formeller Kommunikation, nur noch aus nackten, toten Informationen. Jegliche Form von willkürlichen Absprachen und zwischenmenschlichen Gesprächen ist im Idealbild der Firma von heute getilgt. Die Individualität der Menschen ist eliminiert. Damit alles ordentlich organisiert ist und ungebremst läuft.

Machen Sie sich das klar: In diesem allgemein akzeptierten Idealbild von Arbeit ist der Mensch mit seiner Individualität, mit seinen Ideen ein zu eliminierender Störfaktor. Und allerorten wird noch immer nach bestem Wissen und Gewissen auf dieses Idealbild hingearbeitet.

Im Endeffekt sollen Unternehmen wie Maschinen funktionieren. Darum wird alles Lebendige herausgenommen. Und mit dem Lebendigen das Kreative, das Überraschende. Am besten wäre es – und vielleicht kommen wir da ja noch hin –, wenn die Menschen Androiden wären, Robotermenschen, die nur tun, was im Prozesshandbuch steht, aber dafür in Perfektion. Vielleicht sollte man für diese Sehnsucht mal den Begriff *Industrie 4.0* erfinden …

Das ist eine Vision, die oft unausgesprochen hinter vielem steckt, was im Management der Unternehmen geschieht.

Es ist eine Vision, nicht die Wirklichkeit. In der Wirklichkeit nämlich sterben Unternehmen, denen die Lebendigkeit abhanden kommt. Wo kein Leben ist, da ist Tod. Und was tot ist, funktioniert überhaupt nicht mehr, sondern zerbröselt wie ein zwischen Büchern gepresstes Blatt Herbstlaub, sobald Sie es in die Hand nehmen.

Natürlich ist das kein Beweis, sondern nur eine Analogie, aber es spricht sehr viel dafür, dass wieder mehr menschliche Lebendigkeit in die Unternehmen hinein muss, nicht aus den Unternehmen heraus!

Das klingt nun sehr pathetisch, einfach weil das Thema so emotional ist. Aber wenn ich von Lebendigkeit spreche, dann meine ich das überhaupt nicht im Sinne von Menschlichkeit. Ich meine das keineswegs moralisch.

Die Moralisten sagen: „Wenn nur die Moral in der Wirtschaft gefestigt wäre und die Menschen sich artgerecht behandeln würden, dann würden die Unternehmen auch wieder prosperieren!"

Das ist sogar ein beginnender gesellschaftlicher Trend. Nur gehen die Moralisten hier mit genau dem gleichen Denkfehler an die Sache heran wie diejenigen, die sie kritisieren. Denn hier wird nur die eine interne Referenz durch eine neue interne Referenz ersetzt!

Im Klartext: Bisher hieß die interne Referenz *Planumsatz erreichen!*, jetzt heißt die interne Referenz *Sei gut zu den Menschen und behandle sie auf Augenhöhe!* – Das klingt gleich viel humanistischer, aber es fehlt genauso der Bezug zum Außen: Der Kunde und die das Unternehmen bedrohenden Ideen der Wettbewerber kommen darin wieder nicht vor! Es fehlt immer noch die externe Referenz.

Auch wenn Sie noch so nett miteinander sprechen, auch wenn Sie sich Blumen ins Büro stellen, auch wenn Sie die bösen Kennzahlen weglassen und aufhören, sich gegenseitig Druck zu machen – das Problem des Kunden ist damit noch lange nicht gelöst! Und keineswegs besser gelöst als beim turbokapitalistischen Menschenschinderunternehmen des Wettbewerbers.

Es gibt keinen vernünftigen Nachweis, dass eine Friede-Freude-Eierkuchen-Kultur profitabler wäre als eine Eiserner-Besen-Kasernenhof-Kultur.

Natürlich behaupten die Moralisten, dass ein Mitarbeiter, zu dem man gut ist, auch lieber zum Kunden ist. Da fällt mir zwar keine Beweisführung ein, aber vielleicht stimmt es ja. Ist ein Mitarbeiter, der sich wohlfühlt, kreativer? Oder hat vielleicht ein Mitarbeiter, den Sie einsperren und auf perfide Weise schlecht behandeln, sogar mehr Ideen? Könnte sein. Ich weiß es nicht. Vielleicht müssen wir mal McGyver fragen. Aber das ist ja gerade auch nicht der Punkt.

Natürlich plädiere ich nicht dafür, Menschen schlecht zu behandeln. Ich würde auch in einem solchen Unternehmen nicht arbeiten wollen, das ist doch klar.

Nur ist die moralische Antwort, Stichwort *Augenhöhe!*, zwar bestimmt eine Antwort auf die wichtige Frage: Was macht uns menschlicher? Aber damit ist eben noch immer keine Antwort auf die entscheidende Frage eines Wirtschaftsunternehmens gefunden: „Was macht uns wettbewerbsfähig und hält uns damit als Organisation am Leben?"

Mir geht es vielmehr darum, dass Unternehmen, die unter falschen Grundannahmen geführt werden, früher oder später in der Wüste der Bedeutungslosigkeit versickern und Pleite gehen. Und dass Menschen, die in Unternehmen arbeiten, die unter falschen Grundannahmen geführt werden, mit großer Wahrscheinlichkeit krank werden. Und dass Volkswirtschaften, deren Produktivkräfte arbeitsunfähig werden und deren Unternehmen im globalen Wettbewerb unterliegen, weil es in anderen Weltgegenden (Kalifornien! Tel Aviv! Zhongguancun!) auf einmal viel mehr agile, theaterarme, pfiffige und schlank organisierte Unternehmen gibt.

Eine der fehlerhaften Grundannahmen, unter denen die meisten Unternehmen heute geführt werden, ist die Annahme, dass der Mensch unterm Strich ein Risikofaktor ist, der sich nur bedingt steuern lässt und der deshalb durch Managementtools limitierend eingeengt werden muss, um ihn einigermaßen unter Kontrolle zu halten und zum Arbeiten zu bewegen. Eine weitere, damit verwandte Grundannahme ist, dass Unternehmen überhaupt gesteuert werden können.

Und der Clou an diesen Grundannahmen ist, dass unbewusst und intuitiv jeder weiß, dass sie falsch sind, weil nämlich jeder es als Drohung versteht, wenn einer sagt, dass er sich als Mensch aus dem Unternehmen zurückzieht und künftig nur noch macht, was man ihm sagt.

Dass wir nicht damit aufhören, in den Unternehmen den Faktor Mensch auszutreiben, ist einfach verrückt!

Omas Rezept

Es funktioniert nicht. Und das wird dann leider immer erst schlagartig allen bewusst, wenn es schon zu spät ist. Davor geht es fast allen Menschen in den Unternehmen so wie dem einzigen Bäcker im Dorf.

Der einzige Bäcker im Dorf verkauft Brötchen. Schon die Generation davor und auch die Generation vor der Generation davor hat diesen Bäckerladen betrieben. Er lief einfach immer. Die Familie wurde ernährt und auch der eine oder andere Arbeitsplatz wurde geschaffen. Der einzige Bäcker im Dorf war und ist eine Institution. Der Bäcker weiß, dass er alteingesessen ist, und sieht darin seine Stärke. Im Schaufenster hängt schon seit Jahrzehnten ein Schild: *Dorfbrötchen nach Omas Rezept!*

Na, also: Läuft doch alles! Der macht doch alles richtig, könnten Sie sagen. Der Blick auf die Zahlen müsste genügen: Die Umsätze sind stabil, die Gewinne auch. Alles bestens.

Würden Sie die Kunden fragen, wie die Brötchen schmecken, dann hörten Sie: „Wieso? Sind halt Brötchen ..."

Aber egal, es geht ja schon seit Jahrzehnten gut.

Bis zu dem Tag, an dem im neuen Industriegebiet an der Kreuzung vor dem Dorf ein Supermarkt eröffnet – mit einer Backstube drin. Die Brötchen von dort schmecken anders. Und das reicht schon, damit sie besser sind. Logisch, sie sind ja auch nicht nach Omas Rezept gebacken.

Es dauert genau eine Woche, bis sich das im kompletten Dorf herumgesprochen hat. Wenn Sie dann nochmal die Kunden fragen, heißt es plötzlich: „Oh Gott! Die Brötchen vom einzigen Bäcker im Dorf sind so mies! Würde er doch bloß mal aufhören, nach Omas Rezept zu backen! Und ich wusste auch gar nicht, dass es nach 17:30 auch noch Brötchen geben kann … und dass es noch andere Brötchen außer Dorfbrötchen gibt ... und überhaupt."

Und dann ist es vorbei mit dem alten Bäcker. Aus und vorbei. Er macht Ende des Jahres dicht und ist Geschichte.

Das heißt: Möglicherweise arbeiten Sie in einem Unternehmen, das so ist wie der einzige Bäcker im Dorf eine Woche *bevor* der neue Supermarkt eröffnet. Deshalb sagen alle: „Läuft doch! Die Umsätze sind stabil, die Gewinne auch. Alles bestens."

Beispiele dieser Art finden Sie heutzutage allerorten. Nehmen Sie den Buchhandel: Manche Verlage und Buchhändler haben schon hundert Jahre lang Geld verdient. Also sagen sie: „Wir machen nichts verkehrt." Doch ein langes Leben ist kein Beweis für eine gute Organisationsform.

Und das lange Leben nimmt gerade ohnehin rapide ab: Laut den Daten der amerikanischen Fortune-500-Liste blieben 1965 Top-Unternehmen im Durchschnitt noch 75 Jahre lang Top-Unternehmen. Heute bleiben sie im Durchschnitt 13 Jahre dabei.

Denn immer häufiger verändert sich auf einmal schlagartig die Wettbewerbssituation: „Dieses Internetunternehmen aus Seattle ist plötzlich da und übernimmt, schwupps, innerhalb von ein paar Jahren den halben Buchmarkt. Das blöde Internet aber auch!"

Und plötzlich sagen die Verlage und Buchhändler: „Hoppla, es läuft überhaupt nicht mehr, die Umsätze brechen ein und die Gewinne sind weg!"

Spannend ist, dass das vordergründig immer aussieht wie ein Krieg der Produkte oder der Geschäftsmodelle oder wie ein Krieg groß gegen klein. Das sieht immer so aus und die Handelsblätter und Wirtschaftswochen dieser Welt beschreiben das auch genau so.

Meine These ist aber: Das ist ein Krieg der Organisationssysteme. In disruptiven Wettbewerbssituationen treten immer Unternehmen gegeneinander an, die organisatorisch komplett unterschiedlich aufgebaut sind.

Im Buchmarkt gibt es mit Amazon plötzlich einen Player, der im Gegensatz zu allen anderen im Markt nicht wie ein Handelsunternehmen auftritt, sondern wie ein Logistikunternehmen – und dementsprechend eben funktioniert wie ein Logistiker. Ein Buchhändler, der mehr Ähnlichkeit hat mit der Post oder mit UPS, als mit einem Einzelhändler oder einem Warenhaus? Das ist ja, als ob ein Boxer gegen einen Schwertkämpfer antritt. Was für Regeln gelten denn da jetzt?

Natürlich, wenn Daimler gegen BMW antritt, dann ist das ein Krieg der Produkte. Klar, aber das ist ja auch kein disruptiver Wettbewerb. Das wird es erst, wenn die Internetpioniere mit Elektromotoren und selbstfahrenden Autos den Markt aufmischen: Tesla, Apple, Google. Aber dann knallt es gewaltig. Apple könnte mit seinen Barreserven locker mal eben BMW übernehmen, wenn es das wollte. Nur, um die Größenverhältnisse klar zu machen. Organisiert sind die Neuen eher wie Internet-Start-ups und Software-Schmieden, nicht wie stahlverarbeitende Industrieunternehmen.

All diese Schlachten sind aber vollkommen offen. Nicht immer gewinnt das neue Organisationsmodell. Vielleicht schafft es ja gerade die alte Taxilobby, den neuen Konkurrenten Uber per Gesetz aus dem Markt zu kippen. Da hilft es eben manchmal doch, Platzhirsch zu sein und dadurch über die besseren Verbindungen in die Politik zu verfügen. Aber das steht auf des Messers Schneide. Ich würde gerade nicht wetten wollen, wie das ausgeht.

Und vielleicht gewinnen die Taxis gerade nur eine Schlacht, aber verlieren am Ende doch den Krieg, weil ihre Organisationsform schlicht veraltet ist und sie es nicht schaffen, im Internetzeitalter anzukommen, so wie die Musiklabels, wie die alten Handyfirmen der Prä-Smartphone-Zeit, die Verlage und die Buchhandlungen. Wer weiß.

Ob ein Unternehmen überlebt oder nicht, hängt jedenfalls nicht davon ab, wie humanistisch oder politisch korrekt es ist, sondern ob die Rechnungen, die es schreibt, höher sind als die Rechnungen, die es bezahlen muss. So simpel ist das leider.

Und das ist dann auch schon das einzige, wirklich das einzige notwendige Ziel, das sich ein Unternehmen nicht aussuchen kann: Gewinn machen. Über die *richtige* Höhe dürfen Sie dann gerne noch vortrefflich streiten.

Um dieses Ziel auf Dauer zu erreichen, müssen Unternehmen heute über etwas verfügen, das früher noch nicht so wichtig war: Sie brauchen ständig neue, gute Ideen. Und das geht nur mit einer anderen Organisationsform als der klassisch tayloristischen Organisation, denn die kann vieles produzieren, vor allem soziale Verschwendung, nur eines eben nicht: Ideen.

Die aber braucht es, wenn plötzlich ständig Kunden kommen, die etwas anderes wollen als das, was das Unternehmen so schön angerichtet hat. Das ist so eine Situation, wie wenn Sie zu einem Fest eingeladen sind und dann mit Ihrem besten Anzug mit Krawatte und Einstecktuch und frisch gewichsten Schuhen vor der Tür stehen und klingeln, in der einen Hand die Flasche Champagner und in der anderen den Blumenstrauß. Die Tür öffnet sich und eine Frau im Bikini steht vor Ihnen. Sie treten ein und stellen nach wenigen unsicheren Schritten fest: Dies ist eine Pool-Party! Und Sie sind sowas von außen vor!

So ähnlich fühlt es sich an, wenn über ein tayloristisches Unternehmen plötzlich die ganze Komplexität des 21. Jahrhunderts hereinbricht.

Kapitel 5

Wie Taylorismus und Komplexität zusammen Dramen schreiben

Nehmen Sie eine Situation mit niedriger Komplexität, die sich nur langsam verändert und wenige Überraschungen zu bieten hat. Zum Beispiel: Wir befinden uns in der Antike, hier ist das Schlachtfeld, dort ist die gegnerische Armee – mehr ist eigentlich nicht zu sagen, die Sache wirkt überschaubar.

Ich räume ein, dass ein Krieg oder eine Schlacht nie wirklich simpel ist. Gleichzeitig lehne ich mich nicht zu sehr aus dem Fenster, wenn ich behaupte, dass vor rund zweitausend Jahren die Parameter einer Schlacht zumindest für erfahrene Kriegsherren gut vorhersagbar waren: Die Zahl der gegnerischen Soldaten ist zählbar, wenigstens schätzbar, und sie bleibt relativ konstant, abgesehen von den fliehenden Deserteuren. Die Art und Anzahl der Waffen und der Stil ihrer Anwendung sind bekannt. Gefahr durch Waffen besteht nur in Sichtweite voneinander. Die Geografie ist überschaubar, es ist nicht zu erwarten, dass plötzlich Wälder aus dem Boden schießen oder sich Schluchten auftun. Die ganze Konstellation ist einschätzbar, die wesentlichen Faktoren bekannt.

Mir geht es nun um einen bestimmten Punkt: Wenn Sie in solchen schlichten, zeitlich behäbigen, wohl definierten und unveränderlichen Umfeldern, die sich so oder so ähnlich immer wieder auf gleiche Weise wiederholen, etwas unternehmen wollen, dann können Sie dafür eine Organisationsform entwickeln und immer weiter verfeinern, die zu dieser Aufgabe perfekt passt. Die Organisation muss nicht sonderlich flexibel sein, da sich die Varianz der Situationen sehr in Grenzen hält. Sie muss dafür aber ökonomisch, replizierbar und schlagkräftig sein. Schon die Römer haben herausgefunden, wie das am besten geht, und eine Blaupause erstellt: strenge Hierarchie, pyramidenartige Führungsstruktur mit mehreren Ebenen, ungefähr eine Führungskraft pro zehn Untergebenen, Anweisungen von oben, Gehorsam, Disziplin und knappe Berichte von unten, Abteilungen mit unterschiedlichen Funktionen, Entscheidungen werden jeweils auf der höheren Ebene getroffen, per Drill einstudierte und immergleiche Abläufe, strenge Regeln, Strafen bei Nichtbefolgen, materielle Belohnungen im Erfolgsfall, Strategiemeetings vor der Operation, Triumphzüge danach. Was eben so alles dazugehört.

Wenn Sie heute erleben wollen, wie so eine Organisation funktioniert, können Sie einfach mal einen Tag in einem ganz normalen Großkonzern verbringen.

Die Römer haben diese Art von Organisation perfektioniert und eroberten damit zu ihrer Zeit fast die ganze damals bekannte Welt. Ab und zu wurden zwar kleinere Schlachten verloren, die Kriege aber nie. Die Organisationsform vom Typus *Römische Legionen* war allen anderen Organisationsformen vom Typus *Wilde Horden* weit überlegen. Sie waren einfach gut gemanagt, jedenfalls ein paar Jahrhunderte lang.

Und bis heute gibt es für nichtdynamische und niedrigkomplexe Spielfelder kein besseres Spielsystem! Wenn alles gut eingerichtet und einstudiert ist, dann verhalten sich sämtliche Mitglieder der Organisation maximal effektiv. Und das bei minimalen Reibungsverlusten und damit auch mit maximaler Effizienz. Das Theater geht gegen null, alle Beteiligten funktionieren, *machen ihren Job*. Besser geht's einfach nicht. Daran hat sich seit gut zweitausend Jahren bis auf die eingesetzten Technologien nichts Wesentliches geändert.

Die Frage ist: Was genau passiert, wenn plötzlich tatsächlich Wälder aus dem Boden schießen? Wenn sich Schluchten auftun? Wenn es im Hochsommer plötzlich hagelt und schneit? Wenn die Erde bebt? Wenn sich mitten am Tag eine Sonnenfinsternis ereignet? Wenn aus dem Sand völlig überraschend eingegrabene Kämpfer aufstehen? Wenn die Gegner neue, unbekannte Waffen einsetzen? Wenn die Kommunikation durch Computerviren gestört wird? Wenn aus einem Hinterhalt zusätzliche Armeen in die Schlacht eingreifen? Wenn die eigenen Kämpfer von einem Zauber belegt werden und einfach einschlafen? Wenn gezielt Fehlinformationen gestreut werden? Oder wenn gar die ganze Schlacht bedeutungslos wird, weil die Macht auf einem ganz anderen Spielfeld neu verteilt wird?

Stellen Sie sich einen *Spielmacher* vor, einen wie Seneca Crane in den *Hunger Games* aus der gleichnamigen Romantrilogie von Suzanne Collins, die mit Jennifer Lawrence in der Rolle der Katniss Everdeen so spektakulär verfilmt worden ist. Der Spielmacher darf während der Hungerspiele die Regeln und die Spielsituationen ändern, um den perfiden Verlauf für das voyeuristische Medienpublikum spannender zu machen. Dadurch wird die ganze Sache für die Spieler, die Tribute, natürlich ziemlich unvorhersehbar und komplex. Der Spielmacher erzeugt plötzlich und unerwartet ätzende Nebel, blutrünstige Mutanten oder Feuerwalzen, um die ohnehin schon vertrackte Situation, in der jeder gegen jeden kämpfen muss, noch weiter zu dynamisieren. Plötzlich dreht sich dann der Boden unter den Tributen wie ein Kettenkarrussel …

Also: Was passiert in und mit Organisationen vom Typus *Römische Legionen*, sobald die Komplexität, die Dynamik schlagartig stark zunimmt?

Tiki-taka

Das eine, was sich schnell zeigt: Die Organisationsform, die früher noch die optimale war, der one *best way*, ist plötzlich gar nicht mehr so *best*.

Es entstehen viele weitere Möglichkeiten, sich erfolgreich zu organisieren, und darunter gibt es von Situation zu Situation bessere, schlagkräftigere, effektivere, erfolgreichere Varianten.

Es ist ein bisschen wie bei der Evolution der Spielsysteme im Fußball. Da gab und gibt es immer wieder verschiedene Schulen und Spielweisen, manchmal gibt es große Trends und Perioden vorherrschender Systeme. Da gab es das WM-System, mit dem die Engländer 1966 ihren bislang einzigen Weltmeistertitel holten. Eine ganze Ära war geprägt vom *Catenaccio*, dem defensiven Sperrriegel der Italiener, der noch heute in der Formulierung *Die Null muss stehen* durch die Pressekonferenzen der Fußballtrainer geistert.

Dann die Erfindung des *Liberos* durch Franz Beckenbauer, mit dem die Deutschen 1974 Weltmeister wurden. In der Abwehr mit einem Vorstopper fürs Grobe und einem feingeistigen Libero zu spielen, der als Spielmacher aus der Tiefe des Raums agierte, war damals ultramodern und eine sehr erfolgreiche Form von Arbeitsteilung. Außerdem gab es den verspielten brasilianischen *Sambafußball*, bei dem der Ball kunstvoll und mit vielen Schnörkeln und Einzelaktionen in das gegnerische Tor gezaubert wurde. Und das probate Gegenmittel dazu, das englische *Kick and Rush*, bei dem mit langen Pässen von hinten nach vorne die technisch versierten gegnerischen Mittelfeldspieler einfach überlaufen und somit neutralisiert wurden.

Ach ja, und dann gab es die Spielidee des *totalen Fußballs*, der von Ajax Amsterdam und der niederländischen Nationalmannschaft der Siebziger um Johan Cruyff geprägt wurde. Dabei griffen erstmals alle zehn Feldspieler an und ebenso verteidigten alle zehn Feldspieler.

In den letzten zwei Jahrzehnten wurde der Fußball immer stärker durch die spanische Spielweise des *Tiki-taka* dominiert, die an der Jugendfußballschule La Masia des FC Barcelona gelehrt wird. Dabei steht die Doktrin des Ballbesitzes im Vordergrund, der Gegner wird durch schnelle Ballzirkulation am Ballgewinn gehindert und immer weiter in die eigene Hälfte gedrängt und dort mit Kurzpässen ausgespielt. Die Spanier wurden so Europa- und Weltmeister und viele Vereinsmannschaften adaptierten diese Spielphilosophie, in Deutschland zum Beispiel der FC Bayern.

Das derzeit erfolgreichste Gegenmittel gegen Tiki-taka scheint das so genannte *Umschaltspiel* zu sein, das seine Ursprünge beim legendären ukrainischen Trainergenie Walerij Lobanowskyj hat. Er führte schon in den Siebzigerjahren bei Dynamo Kiew die doppelte Viererkette ohne Libero und das Pressing ein. Das Spielsystem wurde dann in den letzten drei Jahrzehnten vor allem in der einflussreichen Ruiter Fußballschule des Württembergischen Fußballverbands weiterentwickelt und perfektioniert: Ballorientierte Raumdeckung statt Manndeckung, Jagen von Ball und Gegner, schnelles Umschalten bei Ballgewinn – Trainer wie Helmut Groß, Ralf Rangnick, Markus Gisdol, Thomas Tuchel, Christian Streich, Roger Schmidt, Alexander Zorniger und nicht zuletzt Jürgen Klopp und Jogi Löw stehen mit viel Enthusiasmus für diese spektakuläre Art von Fußball, die der deutschen Fußballnationalmannschaft den Weltmeistertitel 2014 bescherte und möglicherweise die nächste große Ära des Weltfußballs prägt.

Was ich mit diesem kleinen Ausflug in das für manche wichtigste kulturelle Randgebiet ausdrücken will: Die Zeiten ändern sich! Jedenfalls spielt heute schon seit Jahrzehnten niemand mehr mit Libero.

Und dennoch: Die Griechen traten 2004 unter ihrem deutschen Trainer Otto Rehhagel mit diesem damals mindestens schon seit 20 Jahren veralteten Spielsystem bei der Europameisterschaft in Portugal an. Und gewannen völlig überraschend als krasser Außenseiter den Titel.

Wie konnte das sein? Hätten sich in einem solchen Turnier über mehrere Spiele nicht die viel moderneren Spielsysteme der anderen Mannschaften durchsetzen müssen? Wie kann ein veraltetes System ein modernes schlagen?

Zufall? Ja, ganz klar, kein großes Turnier kann ohne das berühmte *glückliche Händchen* oder günstige Schiedsrichterentscheidungen gewonnen werden. Und sonst? Trainerfuchs Rehhagel hat einfach alle anderen Teams überrascht. Bis die anderen Trainer ein Gegenmittel gefunden und trainiert hatten, war das Turnier schon vorbei und gewonnen. Anschließend gewannen die Griechen überhaupt nichts mehr, der Erfolg blieb eine Eintagsfliege. Heute würde sich keine ernst zu nehmende Mannschaft mehr länger als zehn Minuten von einer Abwehr mit Libero beeindrucken lassen. Überraschungen sind es, die Organisationen unter Stress setzen und dafür sorgen, dass sie sich weiter entwickeln. Oder erstarren.

Und noch eine Idee lässt sich aus dem griechischen Triumph von 2004 ziehen: Es gewinnt nicht das vermeintlich modernere System, sondern einfach das *fittere* – das System, das die besten Antworten auf das jeweilig gegenüberstehende System parat hat. „Modern ist, was Tore schießt", war dann auch die passende Replik Otto Rehhagels an alle Kritiker.

Und tayloristisch aufgebauten Organisationen fällt es heute eben immer schwerer, adäquate und schnelle Antworten auf die jeweilige Situation zu finden, sie schießen immer seltener die entscheidenden Tore.

Taylors beste Absichten

Wenn eine Organisation nicht so gut in seine Umwelt passt, passiert erstmal noch gar nichts. Schauen Sie sich mal eine Show der Harlem Globetrotters bei dem nächsten Gastspiel in Ihrer Stadt an. Diese ironischerweise aus Chicago stammende Basketball-Truppe zeigt die spektakulärsten Ballstafetten, Dunkings und Alley-Hoops. Die gegnerische Mannschaft ist ebenfalls eine Showtruppe, die die Illusion eines echten Spiels aufrechterhalten soll. Sportlich gesehen ein recht masochistisches Gemetzel: Die Harlem Globetrotters gewinnen immer! Der Basketball-Laie könnte meinen, eine Truppe mit diesen Fähigkeiten müsste doch auch die amerikanische Basketball-Liga beherrschen. Und die Wette darauf würde der lokale Buchmacher auch sicher mit Kusshand annehmen. Beide verlieren: Sie und die Harlem Globetrotters.

Wenn also auch die Konkurrenten nichts besser machen, entsteht kein bedrohliches Problem. Aber die Situation ändert sich, sobald mindestens eine andere Organisation auftaucht, die passende Ideen gegen das etablierte Spielsystem entwickelt. Eine Organisation, die die Dynamik lustvoll in Gebrauch nimmt und diese gegen den etablierten Wettbewerber richtet. Oder anders: Nicht jede Organisation steht unter dem Druck des Marktes. Es gibt vielmehr einige wenige, die diesen Druck ausüben, und andere, die unter diesem Druck leiden. Die einen bieten Kundenlösungen an, die mit Kusshand angenommen werden. Die anderen werden von den Kunden mit eben diesen Lösungen konfrontiert und müssen nun nachlegen. Der Wettbewerber erzeugt Druck, nicht der Kunde. Der tut den Druck nur *kund*, deshalb heißt er so.

Und jetzt hat die veraltete Organisation zwei Möglichkeiten: Entweder sie legt nach und verändert sich in Richtung *moderner*. Oder sie bleibt im Kern starr und entwickelt, um zu überleben, nach und nach mehr und mehr Theater.

Das ist wie bei einem Südländer, der immer weiter in den Norden wandert und immer mehr friert: Er zieht sich einfach immer mehr Jacken und Hosen übereinander an, um warm zu bleiben. Das muss er auch tun, um nicht zu erfrieren. Aber natürlich wird er so immer unbeweglicher, die vielen Klamotten werden immer schwerer. Irgendwann kann er nur noch mühsam durch den Schnee rollen wie eine Kugel, während die fröhlichen Inuit, ein Lied auf den Lippen, an ihm mühelos vorbeihüpfen.

Bei Unternehmen heißen diese behindernden Kleidungsschichten Managementmethoden. Man könnte meinen, sie entstehen automatisch und unvermeidlich, wie Kalkablagerungen in Blutgefäßen. Und sie nehmen immer mehr Raum ein, je schlechter die Organisationsform zur Umwelt passt.

Dabei ist die Absicht, mit der Managementmethoden verwendet werden, ja durchaus genauso verständlich wie der Grund, warum der Südländer sich weitere Kleidungsstücke anzieht: Den Organismus am Leben halten!

Nur eben bewirken diese Maßnahmen nebenbei, dass die Unternehmen unbeweglicher, starrer, unflexibler werden. Die Organisationen verhärten, sie werden sklerotisch.

Wie solche Managementsklerosen entstehen, lässt sich schön an einem Gedankenexperiment nachvollziehen.

Stellen Sie sich kurzerhand bitte einen Managementberater von vor hundert Jahren vor und verschaffen Sie ihm nach einer zünftigen Zeitreise ins Jahr 2016 einen Führungsjob bei einem etablierten und dennoch ambitionierten mittelständischen IT-Unternehmen im ostwestfälischen Schloß Holte-Stukenbrock, einem Unternehmen mit rund 500 Mitarbeitern und einer gut funktionierenden, modernen Organisation. Nennen wir den guten Mann Arthur.

Managementberater gab es damals tatsächlich schon. Die Unternehmensberatung Arthur D. Little gilt als älteste Unternehmensberatung der Welt. Sie wurde 1896 im amerikanischen Cambridge, Massachusetts, gegründet und existiert auch heute noch. Ihr Fokus liegt auf Strategie und technischen Innovationen – das passt doch.

Wir nehmen ganz plausibel an, dass unser Arthur das bahnbrechende Werk *The Principles of Scientific Management* von Frederick Winslow Taylor, das 1911 erschienen war, gelesen, ja begeistert verschlungen hat. Dieses Buch begründete das, was wir heute unter Management verstehen. Taylor zeigte darin, wie man Arbeit und Unternehmen nach wissenschaftlichen Methoden so optimieren kann, dass nicht nur das Unternehmen erfolgreicher operiert, sondern auch die Arbeiter humanere Arbeitsbedingungen erhalten können und durch die höhere Produktivität Wohlstand für alle möglich wird.

Er lieferte sozusagen die Basistheorie für die Industrialisierung. Und die war überaus erfolgreich. Sein Ansatz war bestechend: Durch die Trennung von Denken und Handeln im Unternehmen wird die Effizienz dramatisch erhöht: Manager denken, also planen, weisen an, kontrollieren und Arbeiter führen ihre Anweisungen aus. Wenn nur die Anweisungen dem rational und objektiv *besten Weg* folgen, steigt die Produktivität und damit auch analog der Wert der Arbeit jedes Einzelnen.

Henry Ford war einer der Ersten, der die Ideen Taylors aufgriff und eine tayloristische Organisation aufbaute. Er war damit extrem gut aufgestellt, sein Unternehmen florierte. General Motors folgte, General Electric ebenso. Alle wuchsen enorm. Und der Wohlstand in der Arbeiterschaft vergrößerte sich tatsächlich, der Taylorismus half den Arbeitern aus den sozialen Abgründen der Frühindustrialisierung heraus.

Und noch etwas: Taylors Ideen schienen es überhaupt erst möglich zu machen, Großunternehmen mit vielen tausend Mitarbeitern zu betreiben. Die tayloristische Fabrik war allen Unternehmen, die immer noch wie große Handwerksbetriebe oder Manufakturen organisiert waren, meilenweit überlegen. Wer weiß, ob die USA heute die dominierende Wirtschaftsmacht wären, wenn es Taylors Buch nicht gegeben hätte …

Und mit diesem fundierten, anwendbaren und nachweislich erfolgreichen Rüstzeug steigt nun Arthur aus seiner etwas klapprigen Zeitmaschine und tritt seinen ersten Arbeitstag im IT-Unternehmen des Jahres 2016 an den Ausläufern des Teutoburger Waldes an. Was passiert?

Arthurs Feldzug

Hm, alles ganz schön unübersichtlich hier. Als Erstes lässt Arthur mal alle Büros von herumhängenden Fahrrädern säubern, alle Poster abnehmen und alle Wände neu streichen. Unordnung im Außen erzeugt Unordnung in den Köpfen! Dann lässt er sich gleich mal ein Organigramm geben. Er wundert sich, dass es das gar nicht gibt, aber dann verdonnert er ein paar Leute, ihm eines zu zeichnen.

Er bekommt es und stutzt: Da sind lauter Kreise drauf, aber wo ist die Pyramide? Und vor allem: Wer hat das Sagen? Wo sind die Berichtswege? Das kann ja nicht funktionieren! Hier muss dringend aufgeräumt werden!

Als nächstes beraumt er ein großes Meeting an, in dem ein für allemal geklärt wird, wer wem vorgesetzt ist und wer wem berichtet und wer für was zuständig ist. Abteilungen werden gebildet. Schnittstellen werden definiert. Es dauert ein bisschen, aber dann endlich wissen alle, wo oben und unten ist.

Nur wissen sie dann nicht mehr, was rechts und links von ihnen passiert. Denn dafür sind sie ja jetzt nicht mehr zuständig. Der Effekt: Die Probleme häufen sich. Woche für Woche wird es schlimmer.

Wo es Probleme gibt, müssen Probleme gelöst werden. Bei manchen ist das nicht schwer: Dafür steht Wissen zur Verfügung. Und wem, wenn nicht einem modernen Internetunternehmen dürfte es gelingen, fehlendes Wissen aufzutreiben? Steht ja alles irgendwo.

Aber es gibt eben auch noch eine andere Sorte von Problemen, nämlich solche, die mit bloßem Wissen nicht zu lösen sind. Jetzt braucht es Ideen.

Und die sind plötzlich Mangelware. Denn wenn Arthur anordnet, dass ein solches Problem gelöst wird, erntet er nun plötzlich eine Gegenfrage: „Wie denn?" – Diese Frage ist neu im Unternehmen.

„Woher soll ich das wissen, Sie sind doch dafür zuständig! Sie sind doch der Experte! Wofür kriegen Sie denn das viele Geld?", entrüstet sich Arthur. Und sein Reflex ist: „Mannomann, sind das Flaschen! Da waren die Arbeiter von vor hundert Jahren aber aus anderem Holz geschnitzt."

Doch der Mitarbeiter wehrt sich: Das Problem sei komplex, das sei alles nicht so einfach, das könne er gar nicht alleine bewältigen, argumentiert er.

Aha!, denkt Arthur, jetzt hab ich's. Hier fehlen klare Prozesse! Kein Wunder, dass keiner weiß, was er machen soll. Also ordnet er das Verfassen von Prozesshandbüchern an.

Doch die Probleme werden schlimmer, die Produktivität steigt zwar auf dem Papier, der Ertrag aber nimmt weiter ab. Als er nachforscht erfährt er, dass die Prozesse nicht genau zu den Abläufen passen. Es gibt immer wieder Ausnahmen und unterschiedliche Varianten von Prozessen. Arthur ordnet an, dass die Prozessbeschreibungen ausdifferenziert und verfeinert werden, bis sie die Realität der Abläufe abbilden. Doch dann kommen die nächsten Ausnahmen und Spezialanforderungen. Also werden die Prozesshandbücher dicker und dicker.

Und dann platzt ihm irgendwann der Kragen: Die Mitarbeiter halten sich ja gar nicht an die Prozesse! Die weichen ja immer von den Standards ab. Kein Wunder, dass alles drunter und drüber geht. Ja, sind die denn wahnsinnig? Können die nicht einfach mal machen, was man ihnen sagt?

Er schickt seine Führungskräfte auf Führungstrainings, damit sie stärker führen lernen: Sie sollen Mitarbeitergespräche führen und ihre Leute auf verbindliche Ziele einschwören. Sie haben einfach dafür zu sorgen, dass die Mitarbeiter sich so verhalten, dass die Prozesse funktionieren.

Und die Mitarbeiter werden auf Trainings in ihrem jeweiligen Funktionsbereich geschickt, damit sie lernen, sich ihrer Funktion gemäß zu verhalten.

Die Kennzahlensysteme werden verfeinert, damit jeder weiß, wo er steht, und messen kann, wie der Fortschritt läuft. Außerdem nervt ihn dieses chaotische Kommen und Gehen. Überhaupt muss dieser ganzen Organisation das Chaos ausgetrieben und eine saubere Ordnung verpasst werden. Er ordnet an, dass die Arbeiter alle zur gleichen Zeit den Dienst antreten und in Schichten arbeiten, um die Betriebsmittel, also die Computer, besser auszulasten. Außerdem werden die Abteilungen in sich noch weiter funktional aufgeteilt. Jeder macht nur einen Abschnitt Arbeit und gibt dann das Ergebnis an der definierten Schnittstelle weiter an den nächsten. Eine Gruppe verkauft – alle Produkte an alle Kunden –, weil sie eben die Verkaufsexperten sind. Eine Gruppe kauft ein – alle externen Leistungen für das ganze Unternehmen –, weil sie eben die Einkaufsexperten sind.

Endlich bekommt das Unternehmen Struktur.

Arthurs Waterloo

Nur leider werden die Erträge immer schlechter. Also ordnet er vehement Umsatzzuwächse an und betreibt rigoroses Kostenmanagement. Hier zehn Prozent plus, dort drei Entwickler weniger beim gleichen Output. Dann beginnt er Top-Führungskräfte auszutauschen, weil ihre Abteilungen nicht performen. So langsam aber hat er ein Personalproblem, denn einige der besten Kräfte haben gekündigt oder wurden vom Wettbewerber abgeworben. Andere hat er eigenhändig gefeuert. Und der Personalmarkt ist irgendwie schwierig. „Fachkräftemangel!", jammert Arthur. „Das hat es vor hundert Jahren auch noch nicht gegeben."

Er strukturiert weiter um. Alle Grafiker in eine Abteilung. Er führt außerdem rigides Projektmanagement ein, obwohl er ja gerade erst alle Projekte abgeschafft und die Linienorganisation etabliert hatte. Aber egal. Viel Management hilft viel. Und wo ist die Planung? Die Ressourcen müssen doch allokiert werden! Die Planung muss verfeinert werden: „Wir müssen genauer planen und uns dann disziplinierter an den Plan halten!"

So kann Arthur besser entscheiden, wo er wie viele Menschen und in welcher Abteilung er wie viel Geld benötigt. Die Planung ist die Grundlage für die Budgets der Abteilungen. Es ist ihm ein Rätsel, wie das Unternehmen vor seiner Zeit überleben konnte, denn die hatten ja überhaupt keinen Plan. Wenn da einer Geld brauchte, um zu investieren, hatte der sich mit ein paar anderen zusammengesetzt und es dann zumeist einfach bekommen. Völlig planlos. Die Pläne und Budgets werden enorm dabei helfen, die Verschwendung von Geld und Arbeitszeit zu reduzieren!

Doch die Pläne erweisen sich als nicht mal annähernd richtig. Das ist für ihn eine große Überraschung. In manchen Monaten stimmen die prognostizierten Zahlen noch leidlich, dann jedoch brechen Umsatzkurven plötzlich nach oben aus und liegen dreimal so hoch wie geplant. Und zwei Monate später landen sie nur noch auf einem Achtel des Geplanten. Wie soll man denn da vernünftig planen? Und jetzt stimmen die zugeteilten Ressourcen ja überhaupt nicht mehr! Welcher Idiot hat denn das verbrochen?

Gut, aber wenn Arthur die Manpower vernünftig allokieren will, muss er sie auch kontrollieren können. Also führt er eine Arbeitszeiterfassung ein und verbietet das Home Office. Damit eine Arbeitszeiterfassung Sinn ergibt, braucht es zwei Voraussetzungen: Erstens muss die Arbeit am Arbeitsort stattfinden oder ständig online ablaufen. Zweitens muss die Arbeitsleistung eins zu eins mit der Arbeitszeit korrelieren. Denn sonst kann ich ja nichts vernünftig messen. Er lässt darum kontrollieren, ob der Output der Mitarbeiter zu jeder Stunde gleich ist und lässt die Mitarbeiter, deren Leistungen immer wieder die Zielmarke unterschreiten, von ihren Vorgesetzten maßregeln.

Weil die Zahlen schlecht sind, ordnet er Überstunden an und erwartet einen proportionalen prozentualen Anstieg der Leistungen. Doch das tritt nicht annähernd ein, die meisten Überstunden verpuffen einfach. Er versteht die Welt nicht mehr.

Und dann, er ist schon völlig entkräftet und denkt gerade über individuelle Leistungsanreize und ein neues Bonussystem nach, um den Mitarbeitern Beine zu machen, kommt eines Tages ein Mitarbeiter in sein Büro, klappt seinen Laptop auf, schiebt ihn Arthur vors Gesicht und zeigt auf ein geöffnetes Browser-Fenster: Die neueste Web-App des Wettbewerbers. Die kann schon alles, woran sie selbst gerade erst angefangen haben zu arbeiten. Die sind am Markt und die App ist außerdem viel besser als die, die sie selbst gerade entworfen hatten.

Das ist das Aus!

Arthurs Schimpfen wird leiser, er löst sich langsam auf, wird immer schemenhafter, bis er schließlich verduftet ist, zurück an den Anfang des 20. Jahrhunderts.

Alles unter Kontrolle

Damit es ganz deutlich wird, stellen Sie sich nun bitte vor, dass wir die Zeitmaschine anders herum verwenden: Wir schicken einen VW-Manager zurück in der Zeit und setzen ihn auf den Chefposten bei einem Konsumgüterhersteller aus den 1950er Jahren.

Aahhh! Was für eine Entspannung! Alles geht plötzlich so schön geordnet. Mit einem Mal stellt sich bei dem VW-Manager das jahrelang vermisste Gefühl wieder ein, alles unter Kontrolle zu haben. Keine E-Mails mehr! Nein, er bekommt aus den Abteilungen schriftliche Hausmitteilungen und von den Geschäftspartnern Briefe! Das hält sich ja wunderbar in Grenzen und lässt ausreichend Zeit zum Nachdenken. Und alle Geschäftskorrespondenz ist so schön wohlformuliert und förmlich. Es wird angeklopft. Es wird schön gewartet. Wo er hinkommt, genießt er Respekt. Es gibt klare Fragen und klare Antworten. Und die Informationen sind nicht widersprüchlich, sondern bestätigen einander: Der Markt ist in einem Jahr um zwei Prozent gewachsen, der Absatz um drei Prozent. Der Umsatz auch. Der Gewinn auch. Wie schön.

Er schaut in den Spiegel und stellt fest, dass diese dunklen Augenringe, die er immer hatte, fast ganz verschwunden sind.

„Herr Chef, die Kaufhäuser melden: Die Kunden verlangen nach größeren Packungen. Was sollen wir tun?"

„Herr Assistent, keine Frage, ich sage Ihnen, was wir tun: Wir vergrößern die Verpackungen. Ich ordne hiermit an: Wir vergrößern die Einheit von 100 Gramm auf 120 Gramm und erhöhen den Preis um zwanzig Prozent. Um wie viel Prozent werden sich unsere Kosten erhöhen? Lassen Sie das mal ausrechnen!"

„Jawohl, Herr Chef, ich dachte mir schon, dass Sie das anordnen und habe das gleich schon vorab erledigt. Die Produktionsabteilung meldet: Wenn wir die Verpackungen um zwanzig Prozent vergrößern, steigen die Kosten nur um fünf Prozent, weil wir ja die gleichen Maschinen verwenden können. Und die Verkaufsabteilung meldet, dass sie von den größeren Packungen zehn Prozent mehr verkaufen kann."

„Ha! Hab ich's doch gewusst! Wir expandieren! Ich ordne an: Lassen Sie Personal anwerben!"

„Jawohl, Herr Chef! Darf ich anmerken: Sie sind einsame Spitze, Herr Chef!"

Das hat der VW-Manager schon lange nicht mehr gehört!

Nein, ich will mich nicht lustig machen, weder über die 50er Jahre noch über VW-Manager – das haben die alle nicht verdient. Ich will nur deutlich machen: Arthurs Überforderung und des VW-Managers Unterforderung hat etwas mit der über die Zeit stark gestiegenen Geschwindigkeit von Abläufen in und um das Unternehmen herum zu tun. Außerdem mit der Verdichtung von Arbeit und insbesondere mit der immer undurchdringlicheren und unüberschaubereren Komplexität aller sich gegenseitig beeinflussenden Faktoren.

Arthur reagierte mit einem Feldzug der Managementmethoden: Organigramm, funktionale Teilung, Reporting, Stellenbeschreibungen, Schnittstellenmanagement, Wissensmanagement, Prozessmanagement, Personalentwicklung, Balanced Scorecards, Business Analytics, Mitarbeitergespräche, Verkaufsprovisionen, Gehaltsbänder, Reisekostenregelung, Jour fixes, Compliance Management, 360-Grad-Feedback, Projektmanagement, Planung, Budgets, Talentmanagement, Arbeitszeiterfassung, individuelle Leistungsanreize, Change Management, Vorschlagswesen, Unternehmensleitbild, Audits, Zertifizierungen, Assessment Center … um nur ein paar ganz wenige zu nennen.

Das alles sind nicht nur Griffe ins Arsenal der sozialen Verschwendung, Spielarten von Theater, das die wertschöpfenden Tätigkeiten nach und nach überwuchert, die Menschen systematisch von der Arbeit abhält. Es sind außerdem Ablagerungen, die für eine Verhärtung der Organisation sorgen, für eine immer gravierendere Sklerose.

Das Endstadium können Sie dann bei Unternehmen wie VW, Siemens oder der Deutschen Bank besichtigen. Auf der einen Seite werden Milliardenbeträge in die technologische Entwicklung, in Big Data, Wissensmanagement oder in Industrie 4.0 gestopft. Auf der anderen Seite sind die zur Organisation von Arbeit verwendeten Sozialtechnologien so veraltet und vernachlässigt, dass die Konzerne im Wettbewerb nur noch annähernd mithalten können, wenn sie systematisch täuschen, tricksen, schmieren oder betrügen.

Das ist in etwa so, wie wenn Sie auf einem Computer, der mit einem Betriebssystem von 1911 läuft, die neueste App von 2016 aufspielen wollen: Das ganze System wird ausgebremst, läuft nur noch ruckelnd und stürzt früher oder später komplett ab.

Neu, erfolgreich, professionell, altbacken

An dieser Stelle möchte ich zwei Dinge ein weiteres Mal betonen: Erstens sind es nicht die Menschen in tayloristischen Organisationen, die mit der Zeit sklerotisieren. Es liegt nicht daran, dass es Flaschen sind, wie Arthur denkt. Die Strukturen, in denen sie arbeiten müssen, sind es, die immer sklerotischer wirken.

Zweitens ist es nicht der Taylorismus, der falsch ist. Sondern das Phänomen, dass Organisationen nicht mehr in die Zeit passen. Denn die Zeiten ändern sich: Zuerst sind die Unternehmen mit ihren tayloristischen Strukturen, Denk- und Verhaltensweisen ja typischerweise sehr erfolgreich. Darum wachsen sie. Probleme, die mit Wissen lösbar sind, werden gelöst, und damit wird das Unternehmen erstmal besser, stärker, professioneller und größer. Aber so ganz langsam kommen dann andere Probleme auf. Das sind die Momente, ab denen es sich in den Unternehmen so anfühlt, als sei irgendwie der Wurm drin.

Denn die Manager versuchen dann, und das ist ja wirklich verständlich, diese neuen Probleme genauso zu lösen wie früher. Nur: Sie lösen sie nicht. Selbstzweifel kommen auf. Die Ersten vermuten, dass das Unternehmen die Fähigkeit zur Problemlösung verloren hätte. Andere glauben, es läge an den Menschen, die nicht gut genug sind, oder an der mangelnden Disziplin oder an der fehlenden Motivation.

Und weil sie nichts anderes kennen, verstärken die Manager die alten Maßnahmen und fügen ihnen neue hinzu. Sie machen den Arthur.

Natürlich sind die Manager und auch die Mitarbeiter keineswegs weltfremd oder verbohrt. In vielen Unternehmen beginnt früher oder später hier und da ein Umdenken. Man bekommt ja schließlich auch mit, was in anderen, *moderneren* Unternehmen bereits mit Erfolg praktiziert wird.

Bei Bosch beispielsweise wurde erst vor kurzem angekündigt, die individuellen Boni abzuschaffen. Das ist einerseits vielversprechend, denn individuelle Leistungsanreize wirken erwiesenermaßen in dynamischen Märkten auf Dauer toxisch. Meistens jedoch entsteht dann so ein merkwürdiger Mix: Das *Neue* wird irgendwie mit dem *Alten* gekoppelt und vermengt. Da bleiben dann die individuellen Leistungskennzahlen im System erhalten, nachdem die Boni abgeschafft wurden. Was passiert? Die Mitarbeiter starren weiterhin auf *ihre Zahlen* und weil sie wie jeder Mensch erfolgreich sein wollen, versuchen sie, die Zahlen zu optimieren, ob nun mit oder ohne finanziellen Anreiz. Und damit ist nun wirklich nichts gewonnen.

Mit der Abschaffung einer einzelnen Managementmethode ist eben noch lange nicht automatisch verstanden, wie im Unternehmen Wertschöpfung erbracht wird. Nämlich nicht individuell, sondern als emergentes Ergebnis des sozialen Systems: Mannschaftsleistung schlägt individuelle Klasse, würde man im Fußball sagen.

Ein anderes typisches Beispiel für diesen merkwürdigen Mix fällt mir recht häufig ins Auge: Eine Führungskraft denkt ganz *modern*, dass es ja wohl auf die Kultur oder wahlweise auf die Werte ankomme. Doch dann denkt sie so konventionell wie tayloristisch weiter und verkündet Maßnahmen zur Änderung der Kultur oder der Werte. Das heißt, sie schickt die Mitarbeiter auf Schulungen und Trainings, damit sie lernen mögen, die richtigen Werte zu leben und zur gewünschten Kultur beizutragen.

„Wir haben doch eine Vertrauenskultur!", heißt es dann. „Du weißt doch, einer unser Top-3-Werte ist Vertrauen, Mensch! Also vertraue gefälligst!"

Aber Vertrauen ist ein Gefühl, das unwillkürlich entsteht, es lässt sich nicht anordnen. In einem tayloristischen Rahmen helfen noch so gut gemeinte moderne Ansätze oft nicht weiter.

Das Ergebnis ist oft Stückwerk, das eher noch schlechter funktioniert als die reine Lehre, etwa, wie wenn in einer Fußballmannschaft, die ganz althergebracht konsequente Manndeckung praktiziert, plötzlich ein, zwei Spieler anfangen, hoch modern gegen den Ball zu verschieben, und versuchen, die Räume eng zu machen. Das resultierende Defensivchaos lässt sich vom Gegner lässig und locker ausspielen. Kantersieg.

Dabei hat der Taylorismus ja durchaus seine Stärken: Das Dogma des Taylorismus ist die Effizienz. Alles, was ein tayloristischer Manager tut, ist letztlich dazu da, die Anwesenheitszeit von Arbeitskräften so produktiv wie möglich einzusetzen. Und Effizienz ist auch nach wie vor ein wichtiger Wettbewerbsfaktor. Wenn ein Unternehmen in seiner Branche heute zwanzig Prozent ineffizienter ist als der Wettbewerb, ist es zumeist geliefert. Nur gibt es daneben mittlerweile locker dreißig weitere Wettbewerbsfaktoren, die einen ähnlichen, manchmal sogar höheren Stellenwert besitzen als die Effizienz: Durchlaufzeit bzw. Geschwindigkeit zum Beispiel. Was interessiert es den Kunden, dass Sie besonders effizient produzieren, wenn er das Produkt beim Wettbewerber doppelt so schnell erhält? Er storniert die Bestellung einfach. Und ist weg.

Oder Zuverlässigkeit bzw. Termintreue. Natürlich auch Qualität. Die spielt schon etwa seit den 1960er Jahren eine große Rolle. Dann die Flexibilität, die Begegnungsqualität gegenüber dem Kunden, das Markenimage, der Service, die Arbeitgebermarke …

Das alles und noch viel mehr sind Wettbewerbsfaktoren, die im Verlauf der letzten Jahrzehnte hinzugekommen sind, von Branche zu Branche unterschiedlich gewichtet, selber auch stark dynamisch und komplex. Relevant ist ein neuer Faktor immer dann geworden, wenn es erste Marktteilnehmer gab, die den Faktor beherrschten und Kunden fanden, die ihn goutierten.

Und wir sind da noch lange nicht am Ende: Bei Telekommunikationsanbietern ist heute der Service immer noch miserabel. Aber ich als Kunde: Was soll ich tun? Es gibt ja keine besseren. Also kann ich auch nicht vernünftig wechseln und ich ertrage weiter das schlechte Telekom-Derivat wie den einzigen Bäcker im Dorf. Und Taxis sind laut, muffig, die Fahrer labern zu viel und fahren zu schlecht. Aber was soll ich tun?

Generell jedoch gilt: Alle Unternehmen in allen Branchen müssen sich heute in viele Richtungen gleichzeitig strecken. Effizienz alleine genügt nicht.

Je mehr Faktoren dazugekommen sind, desto altbackener sieht das klassische Management aus. Wie der Fisch, der plötzlich nun auch fliegen, tanzen und Rilke-Gedichte rezitieren soll. Und darum gibt es auch nur noch wenige Nischen, in denen blanker Taylorismus ganz hervorragend funktioniert. Nur in Ausnahmefällen gewinnt heute Otto Rehhagel mit seinem Libero. Meistens gewinnt der FC Bayern mit seinem genialen Tiki-taka oder Joachim Löw mit seinem enthusiastischen Vollgas-Umschaltspiel. Und in der Wirtschaft gewinnen die Unternehmen, die auf kurzfristige Überraschungen schnelle und wirksame Antworten produzieren.

Aktiv, reaktiv, innovativ

Wenn eine Kundenwunschänderung ins Haus flattert – „Kann das anstatt 3 bar auch 4,5 bar Druck vertragen?" „Ist es möglich, das Abrechnungsmodell von Einmalzahlung bei uns auf ein Abo-System umzustellen?" „Könnt ihr uns hier statt einem kleinen Griff einen langen Hebel machen?" „Ich hätte gerne eine Tasse Kaffee, kein Kännchen!" –, dann braucht es eine Organisation, die in der Lage ist, die Anforderung innerhalb kürzester Zeit umzusetzen.

Und da passt keine funktionale Teilung, denn dafür müssen unterschiedlichste Spezialisten direkt zusammenarbeiten, die in einem tayloristischen Unternehmen in unterschiedlichsten Abteilungen stecken würden. Da passt keine Zuständigkeit, denn es braucht Verantwortungsübernahme. Da passen keine Vorschriften, denn dort braucht es Ideen und echtes Können. Da braucht es keine Vorgesetzten, sondern die Kompetenz, es gleich selbst zu machen. Da braucht es keine Partitur, die einstudiert wird, sondern eine Tonart, über die frei improvisiert wird. Da kann niemand eine Genehmigung oder Entscheidung abwarten, sondern da muss gehandelt werden dürfen.

Und es ist nicht nur diese Art kurzfristiger Überraschungen, die keine Abweichungen vom Tagesgeschäft mehr darstellen, sondern das Tagesgeschäft selbst sind. Hinzu kommen die Überraschungen mit größerer Tragweite:

Als ich auf der Hannovermesse einen Beratungskunden traf, vertieften wir uns in ein Gespräch, während wir über die Messe schlenderten. Es ging um Ideen für die Verbesserung der Produktion der neuen Messtechnikgeräte, die das Unternehmen herstellt. Wir redeten auch über den Wettbewerb. Da plötzlich blieb er stehen und starrte entgeistert auf einen Messestand.

Er zückte sein Handy und rief einen Kollegen an: „Du musst sofort kommen! Halle X, Stand Y! Das musst du dir angucken. Das glaubst du nicht!"

Wie ich später verstand, präsentierte auf diesem Stand ein Wettbewerber eine kleine, aber höchst feine technologische Lösung, die eine ganze Reihe von Geräten meines Kunden ersetzen und überflüssig machen konnte.

Mein Kunde war entsetzt. Offenbar hatten alle die technologische Entwicklung in diesem Punkt völlig unterschätzt. Sie kannten zwar das Wirkprinzip und das Unternehmen arbeitete auch bereits daran, aber sie hatten es eben noch nicht marktreif. Und niemand hätte gedacht, dass der Wettbewerber so schnell sein könnte, das Produkt jetzt schon zu präsentieren.

Er hatte nun die begründete Sorge, dass ihm innerhalb von wenigen Wochen ein riesiger Anteil des Umsatzes, vielleicht ein Viertel, wegsacken würde.

Plötzlich musste er schnell reagieren. Die Kundenkommunikation musste geändert werden, Prioritäten mussten verschoben werden, Ressourcen anders eingesetzt werden, womöglich musste in der Produktentwicklung eine ganze Generation von Geräten übersprungen werden, um technisch wieder aufzuschließen. Von einer Minute auf die andere gab es zig neue Tasks, die dringend erledigt werden mussten.

Ja, und dann geht es bei der Tragweite der Überraschungen auch noch eine Nummer größer: noch langfristiger und umso tiefgreifender. Wer zum Beispiel hätte den ökologischen Wandel vorhersagen können? Oder die mobile Nutzung des Internets? Ja, das Internet überhaupt? Oder die Änderung des Konsumverhaltens? Schauen Sie einfach mal eine Talkshow aus den Siebzigern oder Achtzigern an und achten Sie darauf, wie viel dort geraucht und wie viel Alkohol da getrunken wird. Das sieht von heute aus betrachtet aus wie eine TV-Sendung aus einer anderen Galaxie.

Oder auch sehr spannend: Es erscheint immer offensichtlicher, wie sehr sich die persönliche Einstellung zur Arbeit ständig weiter ausdifferenziert. Wie früher gibt es immer noch Menschen, die nach eigenen Aussagen einfach einen Job machen, um Geld zu verdienen. Aber für viele Menschen hat Arbeit heute einen ganz anderen Stellenwert im Leben. Die Anzahl von Menschen, denen es nicht egal ist, was sie tun und ob ihre Arbeit für sie Sinn ergibt oder nicht, wächst rapide. Damit meine ich: Der Facettenreichtum, was Arbeit für die Menschen bedeutet, wird immer größer – und das hat Auswirkungen auf die Organisationen. Sie können heute nicht mehr alle Mitarbeiter über einen Kamm scheren. Die Sinnangebote müssen vielfältiger werden, weil die Motive der Mitarbeiter vielfältiger werden.

Kapitel 6

Was, wenn keiner mehr Bock auf Business-Theater hat?

E s ist Zeit für eine kurze Zwischenbilanz. Wir haben bislang noch keine Therapie gefunden, aber die Diagnose steht:

→ In den meisten Unternehmen wird zu wenig gearbeitet und zu viel Arbeit gespielt.

→ Arbeit besteht alleine daraus, Wertschöpfung für den Kunden zu erbringen – alles andere ist Verschwendung. Insbesondere erfüllen die klassischen Managementmethoden den Tatbestand der sozialen Verschwendung, weil sie Kommunikation zum Zwecke des Erhalts von Machtstrukturen verwenden anstatt zur Leistungserbringung.

→ Dieses Theater gefährdet die Existenz vieler Unternehmen, denn neue Wettbewerber, bei denen der Anteil wertschöpfender Tätigkeiten deutlich größer ist, jagen ihnen die Kunden ab.

→ Es liegt nicht an den Menschen, denn die meisten wollen aus freien Stücken gerne viel mehr arbeiten als sie dürfen. Zu glauben, Menschen würden nur dann leisten wollen, wenn man sie unter Druck setzt oder mit Anreizen motiviert, fußt auf einem widerlegten, antiquierten Menschenbild.

→ Weil die Mitarbeiter in den theaterlastigen Unternehmen zu verschwenderischen Tätigkeiten gezwungen werden, werden sie von der Organisation systematisch von der Arbeit abgehalten, was oft mehr als 50 Prozent der Arbeitszeit verbraucht.

→ Menschen, die in Theaterrollen gedrängt werden, versuchen die an sie gerichteten Verhaltenserwartungen zu erfüllen, müssen sich dabei aber dauerhaft verstellen und leiden psychisch-seelisch darunter. Das kann sie ernsthaft krank machen.

→ Das tayloristische Management mit seinem Methodenarsenal ist nicht die Lösung des Problems, sondern Teil des Problems, denn Taylorismus ist in den heutigen komplexen und dynamischen Märkten eine höchst defizitäre Organisationsform.

→ Es nützt nichts, einfach einzelne Artefakte des Taylorismus wie Meetings, Boni oder Prozesshandbücher abzuschaffen, denn dann bricht in der Organisation das Chaos aus.

Mit dieser niederschmetternden Diagnose könnte ich Sie nun einfach sitzen lassen. Denn ich könnte mich einfach auf den Standpunkt stellen, dass in Ihrem Unternehmen, wenn es ein von tayloristischem Management geprägtes Unternehmen ist, Hopfen und Malz verloren ist: Neue Unternehmen, die organisatorisch viel fitter, viel schneller, viel beweglicher sind, neue Protagonisten, die völlig anders denken und handeln, sind gerade dabei, das Spielfeld auf breiter Flur und in rasender Geschwindigkeit zu übernehmen. Wirtschaft und die Arbeit in ihr verändern sich gerade so schnell, dass die etablierten Unternehmen, die sich gestern noch als Platzhirsche gefühlt haben, aussehen wie Oldtimer auf der Autobahn aus der Perspektive eines auf der linken Spur vorbeihuschenden Tesla: langsam, exotisch, antiquiert, ein Überbleibsel aus einer längst vergangenen Epoche.

Ich könnte einfach sagen: Lasst doch die alten Unternehmen untergehen! Das ist nur so ein Phänomen wie in der biologischen Evolution: Die besser angepassten Organismen überleben, die anderen müssen aussterben und Platz machen …

Aber ich finde das zynisch.

Ich glaube grundsätzlich daran, dass sich Menschen und Organisationen weiterentwickeln können, wenn sie sowohl müssen als auch wollen. Warum soll das nicht möglich sein?

Die Frage ist nur: Wie soll das gehen?

Wenn Ihr Unternehmen organisatorisch zu veralten droht: Was können Sie tun? Wie werden Sie das Theater los? Wie eliminieren Sie die soziale Verschwendung? Wie heilen Sie die fortgeschrittene Sklerose? Wie machen Sie das Unternehmen agil? Wie verpassen Sie Ihrer Organisation eine Verjüngungskur?

Vielleicht, indem Sie hippe, coole, junge Leute einstellen?

Das Drama mit der Generation Y

Ok, schauen wir's uns an: Wie ticken denn diese hippen, coolen, jungen Leute? Und wie könnten sie uns helfen, die Organisation zu modernisieren?

Die Hoffnungsträger, die ich meine, sind natürlich die Millennials, also die Vertreter der so genannten Generation Y: Landläufig sind damit die zwischen 1982 und 1995 Geborenen gemeint. Aber ich brauche da nicht lange herumargumentieren, um die Generationen- oder Kohortenschublade als groben Unfug zu entlarven: Na, selbstverständlich können junge Menschen *alt* ticken und alte Menschen *jung* ticken. So jedenfalls drückt es meine Kollegin Steffi Burkhart aus, die selbst eine Vertreterin dieser ominösen Generation Y ist.

Es geht also viel mehr um eine bestimmte innere Einstellung – um ein Set von Werten, Fähigkeiten, persönlichen Zielen und Vorstellungen, wie die Welt funktioniert, und um ein Selbstverständnis – und nicht um das biologische Alter. Nur, was ist denn genau mit dieser inneren Einstellung gemeint? Wie tickt man, wenn man *jung* tickt?

Darüber herrscht keineswegs Einigkeit. Je nach Blickwinkel sehen die hippen, coolen, jungen Leute entweder wie Opfer aus oder wie Täter: Da schreibt zum Beispiel der Journalist Bernd Kramer am 30.11.2015 auf *Spiegel Online*, es sei nur eine Legende, dass die Generation Y anspruchsvoll sei und Unternehmen ihre Bedingungen diktiere. An der Geschichte von der *Superflexibilität* und dem *Superselbstbewusstsein* der Ypsiloner würde nichts stimmen. Stattdessen mute man den armen jungen Leuten zu, in Unsicherheit und Unvorhersehbarkeit leben und arbeiten zu müssen, sich *mit Minijobs, Werk- und Zeitverträgen durchschlagen* zu müssen. Und am allerschlimmsten: *Das Bedürfnis nach Unabhängigkeit und Selbstbestimmung sei nur eine Rechtfertigung für einen miesen Vertrag.*

Und warum spielt *man* der Generation Y so übel mit? Und wer ist überhaupt *man*? Die Antwort liefert der junge, aber vermutlich selbst mit einem soliden Vertrag ausgestattete Journalist ganz zum Schluss: *In Wirklichkeit dient es nur den Interessen der Arbeitgeber an einem flexibel nutzbaren Arbeitskräftematerial, das nicht mehr zu jammern wagt.*

Aha! Die bösen Kapitalisten, die neoliberalen Teufel mal wieder.

Ja, wenn die Fische über das Angeln debattieren, dann ist das wirklich unterhaltsam. Nur leider trägt so ein Klassenkampfbeitrag im 21. Jahrhundert zur Problemlösung nicht im Geringsten bei. Alleine die scheinbar so homogenen Fakten, von denen diese *Generation-Prekär*-Opfergeschichte ausgeht, existieren gar nicht: Natürlich gibt es sowohl jung tickende Menschen mit Sicherheitsbedürfnis als auch jung tickende Menschen mit Freiheitsdrang und Wunsch nach Selbstbestimmung. Es gibt mehr oder weniger Flexible, mehr oder weniger Risikobereite, mehr oder weniger Loyale … in jeder Generation. Wie sollte es anders sein?

Und die Täter-Geschichte? Aus der anderen Ecke betrachtet erscheinen die Nachwachsenden wie eine äußerst unangenehme naiv-arrogante Generation von Arbeitsscheuen, die vor allem *keinen Bock* haben: Keinen Bock auf Meetings, keinen Bock auf Regeln, ja, keinen Bock auf Arbeit!

Sie halten sich an keine Vorgaben, stellen permanent lästige Fragen anstatt doch einfach mal zu machen, was man ihnen sagt. Sie haben keinen Respekt vor nichts und niemandem, sie tun, was sie wollen, telefonieren privat und surfen ständig während der Arbeitszeit, reden hintenrum schlecht über den Chef und das Unternehmen, verhalten sich allgemein destruktiv – und sobald man sie darauf anspricht, schwupp, sind sie weg und wechseln den Job.

In Wahrheit, so geht dieses Narrativ weiter, setzen diese Ypsiloner ihre Kenntnis digitaler Errungenschaften und ihre beträchtliche Intelligenz vor allem dazu ein, um sich vor der Arbeit zu drücken – und das funktioniert leider sogar noch ausnehmend gut, weil die Unternehmen händeringend nach Arbeitskräften suchen und die jungen, ordentlich Gebildeten auf dem Arbeitsmarkt die freie Auswahl und damit die besseren Karten haben. „Wir werden ihrer nicht mehr Herr!"

Du lieber Himmel, natürlich ist auch das eine betriebsblinde Dramatisierung. Vielleicht ist das Gerede von *Kein Bock auf Arbeit* ja gar eine unbewusste Projektion der wortführenden Unternehmensvertreter und sie haben selber keinen Bock mehr auf den täglichen Stress. Oder sie sind neidisch auf die gelebten Freiheiten der Jungen, wer weiß.

Aber was ist, wenn weder die Opfer- noch die Täterperspektive stimmt? Wenn die Jungen und Junggebliebenen gerade das Gegenteil von beiden Zerrbildern sind?

Stellen Sie sich vor, die Generation Y würde gerade auszeichnen, dass sie sich freiwillig die Zukunft offen hält! Dass sie absichtlich flexibel bleibt, weil sie sich nicht unterordnen will, auch nicht gegen eine Belohnung. Dass sie selbstbestimmt tätig sein will und etwas tun will, was für sie selbst und andere Sinn ergibt, und die darum keine Vorschriften, Vorgaben und Anweisungen akzeptiert, die nur denen nutzen, die die Vorschriften, Vorgaben und Anweisungen erlassen. Dass sie tatsächlich keinen Bock hat – nämlich keinen Bock auf Theater. Dass sie aber ganz im Gegenteil gerade nur noch Bock auf Arbeit hat, eben echte Arbeit. Dass sie Regeln brechen, weil ihnen keiner den Sinn der Regeln erklären kann. Dass sie lästige Fragen stellen, Tabus brechen und allgemein schwierig sind, weil sie bessere Leistungen für den Kunden erbringen wollen. Dass sie Wahrheiten aussprechen, weil sie es sich leisten können. Dass sie während der Arbeitszeit telefonieren, weil die Trennung zwischen Work und Life für sie etwa so plausibel ist wie die Trennung zwischen Sand und Strand. Dass sie Autoritäten sehr wohl anerkennen, wenn diese Könner sind, aber autoritatives Gehabe unterminieren, weil sie keinen Respekt vor bloßen Machtpositionen haben.

Ja, diese nachrückende Generation ist hervorragend ausgebildet und sehr selbstbewusst. Sie muss das ganze Theater nicht mitmachen. Der rote Faden, den ich darin erkenne, ist, dass die Generation Y ein dickes Problem mit tayloristischen Organisationen hat. Was aber noch schlimmer ist: Tayloristische Organisationen haben ein dickes Problem mit der Generation Y. Und das nervt sowohl die Vorgesetzten als auch die Untergebenen der alten Machtstrukturen.

Wenn sie also nicht die Täter und nicht die Opfer sind, sind sie dann vielleicht die Retter der Unternehmen?

Y-vonne

Offen gesprochen: Es kommt darauf an. Denn wenn Sie die Generation Y auf ein tayloristisches Unternehmen loslassen, kann im Prinzip Dreierlei passieren. Wobei ich nochmal betonen möchte, dass ich mit *Generation Y* keine Altersgruppe meine, sondern eine Gruppe von Menschen mit einer Haltung, die sich zu tayloristischen Organisationen so verhält wie Wasser zu Öl.

Schauen wir genauer hin. Ich nehme einfach mal eine so konkrete wie ausgedachte Person, die ich geradewegs aus der Mitte der Generation Y herausgepickt habe: Nennen wir sie Yvonne. Sie ist 29, hat Uni, Auslandspraktika und einen ersten Job hinter sich. Sie hat aus allen Stationen Ihres bisherigen Lebens und aus den Tiefen des Internets ein großes Netzwerk von Menschen um sich herum gesammelt, zu denen sie regelmäßig Kontakt hält. Kommunikation ist für sie als Digital Native grenzen- und hierarchielos. Sie kennt sowohl Arbeitslose und Globetrotter als auch Festangestellte und Beamte, Führungskräfte sowie Unternehmer und Selbstständige. Und sie kennt keine Machtdistanz – ein zufälliges Aufeinandertreffen mit einem Politiker, einem Milliardär oder einem Popstar würde sie nicht zum Stottern bringen, sondern zu interessanten Fragen inspirieren.

Yvonne interessiert sich nicht so sehr für die Ansammlung von Faktenwissen. Sie hat eine ganz andere Herangehensweise als viele ältere Kollegen. Darum wird sie gerne unterschätzt. Viel wichtiger für sie ist, dass sie weiß, wo und wie sie schnell Faktenwissen nachschlagen kann. Sie ist extrem pragmatisch und denkt quer: Was zur Lösung verhilft, ist hilfreich, egal woher es kommt. Darum pfeift sie zum Beispiel auch auf die Unternehmenssoftware: Im Internet gibt es Tools, die sind schneller und praktischer. Sie versteht nicht, wie jemand etwas dagegen haben kann.

Loyalität ist auch so ein Konzept, mit dem sie sich nicht identifiziert. Denn aus ihrer Sicht würde das bedeuten, einen schlechten Zustand zu ertragen, nur um eine Trennung zu vermeiden. Das ergibt für sie keinen Sinn: Nach der Trennung kann es beiden Seiten besser gehen. Sie hat keine Hemmungen, die Konsequenzen zu ziehen, wenn ihr etwas nicht gefällt. Gefällt ihr ein Produkt nicht, kauft sie ein anderes, es ist ihr egal, ob sie dabei einer Marke den Rücken kehrt oder nicht. Das ist übrigens auch der Grund, warum sich die Marketingexperten und Brand Manager heute an der Generation Y die Zähne ausbeißen: Sie sind kaum mehr zu *binden*. Genauso ist es auch mit Arbeitgebern. Aus einer anderen Warte betrachtet, lässt sich dieses Muster allerdings auch als ein hoher Anspruch beschreiben: Sie will das Beste. Und wenn etwas anderes besser ist als das Alte, warum sollte man dann am Alten festhalten? Aus Nostalgie? LOL! (laughing out loud!)

Yvonne kann sich diesen Anspruch leisten. Sie ist im Vergleich mit früheren Generationen in privilegierten Verhältnissen aufgewachsen: Sie stammt aus einem Elternhaus, das nichts mehr mit dem Krieg oder dem Wiederaufbau zu tun hatte. Sie musste sich keine Gedanken um einen gefüllten Vorratskeller oder eine mögliche Inflation mehr machen. Ihr Leben ist geprägt von Reisen um die ganze Welt, von interkultureller Kommunikation, digitalen Medien und scheinbar unbegrenzten Möglichkeiten und Wahlfreiheiten.

Wenn sie mit diesem Hintergrund auf tradierte Rollen- und Wertemuster in einem tayloristischen Unternehmen trifft, dann sind Spannungen und Auseinandersetzungen vorprogrammiert. Fragt sich nur, ob diese Auseinandersetzungen fruchtbar sind oder destruktiv.

Natürlich gab es den Generationenkonflikt schon immer. Das Besondere, das Neue aber ist heute, dass für die Generation Y der Option einer konfliktreichen Auseinandersetzung immer auch die Option des relativ gefahrlosen Wechsels gegenübersteht. Damit haben sich ältere Generationen deutlich schwerer getan.

Wenn nun Yvonne vieles an der Arbeit in ihrem neuen Unternehmen sinnlos findet und beginnt zu opponieren, also Meetings zu schwänzen, so wie sie Opas Geburtstag schwänzen würde, von heute auf morgen Pläne umzuwerfen, weil der bisherige Weg nicht zum Ziel geführt hat, Dienstwege nicht einzuhalten, weil ihr das viel zu lange dauert und so weiter, dann wird sie Gegenwind bekommen.

Windstärke drei

Jetzt kommt es auf die Art des Gegenwindes an. Möglichkeit eins: Der Gegenwind ist zu stark und zu kalt für Yvonne. In der tayloristischen Organisation spielt formale Macht eine große Rolle. Sie ist das Mittel, um die Vorderbühne in Ordnung zu halten: Wenn das Verhalten der Mitarbeiter nicht den Erwartungen entspricht, muss es *repariert* werden. Die Werkzeuge der Macht sind die Anweisung, die Belohnung und die Strafe. Die Anweisung muss durch die Macht begründet werden. Wenn sie dem formal Untergebenen ein Argument liefert, warum das so oder so gemacht werden muss, dann kann es sein, dass er sich fügt. Wenn nicht, bietet die Macht dem Untergebenen Geld oder sonstige Leckerli an, um ihn zur Einhaltung der Anweisung zu *motivieren*. Hilft auch das nicht, folgt die Bestrafung.

Wird nun dieses Instrumentarium zu heftig für Yvonne bzw. bleibt es wirkungslos, weil die Anweisungen für sie einfach nicht plausibel werden, sie sich mit Geld nicht kaufen lässt und die Strafen an ihr abgleiten, dann wird sie sich entweder demotiviert in sich zurückziehen oder sie wird einfach gehen und woanders ihr Glück versuchen. Beim Unternehmen bleibt dann alles beim Alten.

Möglichkeit zwei: Der Gegenwind füllt die Segel und das Boot nimmt Fahrt auf. Sie hält dagegen und argumentiert, sie diskutiert und überzeugt, es entwickelt sich ein fruchtbarer Diskurs zwischen den Älteren und den Jüngeren, neue Formen der Zusammenarbeit werden ausprobiert, manche wieder verworfen, andere in Frage gestellt – das Unternehmen beginnt sich durch die Auseinandersetzung zu bewegen und zu verändern.

Das ist der Idealfall, den ich Ihnen wünsche. Aber ich fürchte, er ist selten. Unter welchen Voraussetzungen er möglich ist, dazu komme ich noch.

Möglichkeit drei: Der Wind ist zu schwach, Yvonne ist stärker. Wenn Yvonne viel Unterstützung findet, dem Gegenwind gewachsen ist, den Kampf annimmt, genügend Mitstreiter findet und auf der anderen Seite die tayloristischen Machtstrukturen starr und unbeweglich bleiben, dann kann sie für das Unternehmen und seine Protagonisten die Hölle entfachen.

Sie wird einfach nicht mitmachen bei den unterschiedlichen Arten der Teilung im Unternehmen. Bei der Teilung von Denken und Handeln: Sie wird sich als Ausführende das Denken nicht verbieten lassen und sie wird ihr Handeln eher nach ihren eigenen Gedanken ausrichten als an den Vorgaben anderer. Und in der Position der Denkenden wird sie es sich nicht nehmen lassen, selbst Hand anzulegen und mitzumachen. Dabei wird sie Tabus brechen.

Auch die zeitliche Teilung in zuerst Denken, dann Handeln, wird sie aufbrechen und damit jede Planung ad absurdum führen. Bevor der Plan verabschiedet worden ist, wird sie schon eine Betaversion der neuen Dienstleistung als Testballon in den Markt geworfen haben, was bereits neue Erkenntnisse liefert, bevor die Organisation überhaupt handlungsfähig war. Damit kann der Plan nicht in Kraft treten oder der Planungsprozess muss neu gestartet werden. Ohne Planung wird das Chaos regieren, denn darauf ist die Organisation nicht vorbereitet. Die Komplexität der Märkte wird durch Yvonne mitten ins Unternehmen geschleust, wo sie wütet wie Hulk im Finanzamt.

Genauso bei der Teilung in Hierarchieebenen: Sie wird sie missachten und sich ein Netzwerk aus Könnern aus den unterschiedlichsten Etagen des Unternehmens zusammensuchen. Dabei wird sie viele Leute vor den Kopf stoßen, die entweder beleidigt sind, weil sie nicht mitmachen dürfen oder erzürnt sind, weil Yvonne ihnen die besten Leute abgeluchst hat, ohne deren Hinterbühnen-Performance ihre Abteilung nicht mehr funktioniert.

Sie wird damit auch die funktionale Teilung in Abteilungen und Silos torpedieren, der Dienstweg ist für sie völlig sinnlos, sie wird interfunktionale, temporäre Teams ins Leben rufen, mit denen weder die Personalabteilung noch sonst eine Abteilung irgendwie zurechtkommen wird: Wie sollen wir das abrechnen? Welchen Personalschlüssel hast du eigentlich? Wer hat das genehmigt? Aus welchem Budget nimmst du das? Wo im Organigramm ist das Team denn überhaupt aufgehängt?

Kurz: Niemand wird es schaffen, sie *einzubinden*. Sie destabilisiert insbesondere die Teilung von Vorderbühne und Hinterbühne, denn sie spielt kein Theater: Sie nimmt alles ernst. Das Spiel der Budgetverhandlung zum Beispiel hinterfragt sie offen auf die Wirksamkeit beim Kunden hin. Und wenn sie keine Wirkung sieht, wird sie das Spiel absagen und stattdessen etwas Sinnvolleres machen. Sie wird nicht verstehen, dass es auf der Vorderbühne nur um eine Rolle geht – sie wird sich damit identifizieren und alles ernst nehmen, was als Spiel gedacht war. Sie hält alles im Unternehmen für die Realität und für ihre Pflicht.

Und sie findet: Das macht alles keinen Spaß. Es ist langweilig. Es ergibt keinen Sinn. Und genau das sagt sie auch offen.

Wird sie von der Organisation nicht ausgestoßen wie ein eingedrungener Fremdkörper, dann wird sie nach und nach die sklerotischen Ablagerungen der Organisation aus ihren Blutgefäßen und Eingeweiden herausreißen. Und daran kann die Organisation verbluten, denn im Chaos kann sie nicht existieren.

Zwecklos

Die Generation Y und der Taylorismus passen eben einfach nicht zusammen: Jahrzehntelang haben die Manager und ihre Berater versucht, die

Kommunikation aus der Organisation heraus zu managen und durch reine Informationsübermittlung zu ersetzen, die Prozessen und Regeln folgt: Mitteilungen sind keine Kommunikation, Berichte sind keine Kommunikation, Anweisungen sind keine Kommunikation. Meetings beinhalten möglichst auch keine Kommunikation, sondern befolgen Rituale. Die Organisation hört auf diese Weise auch auf, mit der Umgebung, dem Markt zu kommunizieren. Denn das wäre ineffizient. Darum orientiert sich alles nur noch an internen Referenzen, um zu funktionieren.

Im idealen perfekten Zustand dieser Vorstellung, den es zwar nicht gibt, der aber das Ziel am Horizont des Managements ist, funktioniert die Organisation in seiner Umgebung wie eine gut geölte Maschine. Jedes Störgeräusch, sprich: jede lebendige Kommunikation, ist eliminiert.

Und dann platzt diese laut quasselnde, hoch kommunikative, nicht mundtot zu kriegende Generation Y dazwischen!

Natürlich: So schwarz-weiß, wie ich das hier gezeichnet habe, verlaufen die Farbflächen meistens nicht. Es wird hinsichtlich der Grundeinstellung immer ein ganzes Spektrum von Mitarbeitern und Führungskräften geben. Es fragt sich nur, in welche Richtung die Organisation kippt, wenn ein kräftiger Schuss Generation-Y-Farbe dazu kommt.

In vielen Fällen ist die Kluft zwischen den lösungsorientierten Mitarbeitern und Führungskräften, die Y-kompatibel sind, auf der einen Seite und den theaterorientierten Mitarbeitern und Führungskräften, für die Y toxisch ist, unüberbrückbar. Jedenfalls sobald diese Kluft einmal aufgebrochen ist.

Ich kenne eine Firma, die offenbar nur durch die Seniorchefin zusammengehalten wurde. Sie ging jeden Tag durch ihre Firma und begrüßte jeden mit Handschlag. Mehr tat sie nicht. Die Firma funktionierte und es gab keine destruktiven Konflikte zwischen Alt und Neu, X und Y, Effizienz und Effektivität oder was auch immer.

Doch dann starb sie. Und merkwürdigerweise zerfiel das Unternehmen ohne sie recht schnell.

Eine Zeit lang war mir das ein Rätsel. Aber dann begriff ich: Die alte Dame war für alle Mitarbeiter des Unternehmens das große *Wozu*. Sie konstituierte durch ihre eigene Person den Sinn für die Fortexistenz des Unternehmens. Wenn alle Argumente fehlten, gab es am Ende immer noch dieses: „Ich mache es für sie."

Dadurch überbrückte sie alle Differenzen, denn sie sorgte dafür, dass es einen gemeinsamen Fokus für alle Mitarbeiter gab, und damit einen übergeordneten Unternehmenszweck – auch wenn das nie jemand bewusst so aufgeschrieben oder ausgesprochen hatte.

Als dieser einigende Faktor wegfiel, suchte sich jeder Mitarbeiter seinen neuen Sinn und Zweck der Arbeit – und die fielen bedauerlicherweise sehr verschieden aus. Damit war das Ende der Organisation besiegelt.

Und so ist das auch bei einem Unternehmen, das nicht mehr durch den tayloristischen Zweck *Erhalt der gegebenen Machtstruktur* gebündelt ist: Wenn es zu viele Mitarbeiter gibt, die sich an diesen Zweck nicht gebunden fühlen und einen anderen Sinn in ihrer Arbeit suchen, dann wird das Unternehmen zerfallen.

Dabei ist noch die Frage, wie denn ein Unternehmen überhaupt einen organisatorischen Zusammenhalt erzeugen kann, würde es nicht mehr auf den Erhalt von Machtstrukturen setzen: Wie soll das funktionieren? Wie wird aus einer Kakophonie ein Konzert, wenn der Dirigent keine Macht mehr hat?

Jung und naiv

Das Phänomen der Generation Y gibt es übrigens nicht nur in der Wirtschaft. Die beschriebenen Probleme und Effekte mit jungen oder jung gebliebenen Menschen, die sich in die gegebenen Machtstrukturen nicht mehr einbinden lassen, können Sie auch in den gesellschaftlichen Institutionen verfolgen.

Da gibt es diese immer größere Menge von intelligenten, eigenständigen jungen Menschen, die den offiziellen Verlautbarungen der Hofberichterstattung der Mainstream-Medien einfach nicht mehr glaubt. Einfach so. Sie beginnen zu hinterfragen. Sie suchen im Internet die Originalquellen. Sie tummeln sich im Netz. Sie vernetzen sich quer zu den alten Partei- und

Klassenlinien. Sie argumentieren einmal grün, einmal schwarz, einmal gelb und einmal rot, völlig unvorhersehbar. Damit lassen sie sich nicht mehr in die Wählerschaft oder gar in die Parteibasis der Volksparteien einbinden. Sie werden unberechenbar.

Und sie stellen unbequeme Fragen.

Ein Beispiel dafür ist der *freie Chefredakteur* Tilo Jung, ein junger, in kein Blatt und keinen Sender eingebundener Journalist, der über verschiedene Social-Media-Kanäle ein eigenes politisches Magazin namens *Jung & Naiv* publiziert, das sich im Netz wachsender Beliebtheit erfreut – vor allem weil es ganz offensichtlich inhaltlich unabhängig und aus erster Hand recherchiert ist.

Jung ist zahlendes Mitglied im Verein der Bundespressekonferenz und hat damit Zugang zur Berliner Regierungspressekonferenz. Dort nervt er regelmäßig die Regierungsvertreter mit seinen scheinbar naiven, aber vor allem unkonventionellen und unbequemen Fragen. Die Antworten sind im Netz abrufbar. Wenn Sie stotternde über beleidigte bis zornige Politprofis sehen wollen, die sich argumentativ ins eigene Fleisch schneiden, ist das ein Tipp.

Jung produziert aber auch charmant naive und gerade darum informative Interviews mit interessanten Figuren der Öffentlichkeit vom BDI-Präsidenten über Spitzenpolitiker aller Farben bis hin zu Passanten auf Straßen oder dem Sprecher der Armee Israels auf einem Hausdach in Jerusalem.

Jung ignoriert konsequent jede Form von Machtdemonstration. Er duzt einfach jeden, fragt den Parteivorsitzenden der FDP, Christian Lindner, am Anfang des Interviews: „Wer bist du?", legt auf dem Sofa den Arm hinter BDI-Chef Ulrich Grillo auf die Lehne wie hinter den kleinen Bruder und fragt Gregor Gysi, den damaligen Fraktionsvorsitzenden im Bundestag der Partei *Die Linke*, der stolz darauf ist, der seinerzeit jüngste Rechtsanwalt der DDR gewesen zu sein: „Hat dich da jemand ernst genommen?"

Interessant ist, wie Politiker sich in diesen Interviews verhalten: Weil die kalkulierte Respektlosigkeit Jungs charmant und nicht aggressiv ausfällt, werden seine Gesprächspartner weich, sie kommen ins Erzählen, lächeln und lachen, stellen Gegenfragen und plaudern auf Augenhöhe – bis zu einer Stunde lang.

Eingebunden in die Machtstrukturen einer Redaktion mit Verleger, Chefredakteur, Anzeigenabteilung und so weiter wäre so ein Programm undenkbar. So etwas kann kein öffentlich-rechtlicher Kanal und auch kein Privatsender liefern. Die Absicht dieses Journalisten ist es ganz offensichtlich, seinem Publikum die Möglichkeit zu geben, sich eine eigene Meinung zu bilden – und nicht, die öffentliche Meinung zu *bilden* oder in eine bestimmte Richtung zu beeinflussen.

Genau so tickt die Generation Y: Sie will unabhängig, freiwillig und selbstbestimmt Sinnangebote finden und sich einem anschließen. Und sie will gerade keine Vorgaben, Maßregeln und Motivationsanreize.

Wenn nun aber die nachrückende Generation immer mehr so tickt: Dann gehen den etablierten Parteien und Organisationen und eben auch den etablierten Unternehmen früher oder später die Wähler, Anhänger und Mitarbeiter aus … sofern sie sich nicht wandeln.

In der Abwärtsspirale

Von wegen wandeln: Es gibt zwei Sorten von Ideologen, die mich ganz besonders auf die Palme bringen, weil sie den Wandel konsequent verweigern. Zum einen die Beton-Tayloristen, die geistig tiefdunkle Sonnenbrillen mit dicken Scheuklappen aufziehen, um weiterhin zu übersehen, wie sich die Welt und die Menschen in den letzten hundert Jahren geändert haben. Ihr Versuch, in ihrem Betrieb die Menschen mit einem veralteten Betriebssystem zu betreiben, ist zu vergleichen mit dem Versuch, eine WhatsApp-Nachricht auf einer Schreibmaschine zu schreiben.

Für alle Leser der Generation Y und jünger: Laut Wikipedia ist eine Schreibmaschine *ein von Hand oder elektromechanisch angetriebenes Gerät, das dazu dient, Text mit Drucktypen zu schreiben und hauptsächlich auf Papier darzustellen. Zur Auswahl und zum Abdruck der Zeichen wird vorrangig eine Tastatur benutzt.*

Es ist schwierig und ungewohnt für diese Leute, sich mit neuen Formen von Organisation auseinanderzusetzen. Dafür habe ich Verständnis. Aber es ist allzu leicht, diese Auseinandersetzung zu vermeiden – dafür ist mir der Verständniswille mittlerweile abhanden gekommen.

Die zweite Sorte von Ideologen, die mich besonders ärgert, sind die *Pulswärmer*. Damit meine ich die moralisierenden Gutmenschen, die fordern, dass Unternehmen und die Wirtschaft überhaupt ein menschlicheres Antlitz benötigen – weswegen vor allem die Führungskräfte an den Pranger zu stellen seien! Denn die seien an allem schuld, weil die nicht nett genug zu den Mitarbeitern seien.

Die Pulswärmer fordern, dass Schnittstellenworkshops abgehalten werden, wo beschlossen wird, dass die Schnittstellen künftig Nahtstellen heißen sollen. *Schnitt* ist als Wort doch viel zu hart und unmenschlich, du!

Sie fordern Werteworkshops, wo mal verbindlich festgelegt werden soll, wie wir alle künftig miteinander umgehen sollen. Äh, wollen.

Sie veranstalten Team-Workshops, gerne *offside*, damit sich das Team bilden kann und alle lernen, einander zu vertrauen.

Sie gehen miteinander essen, bei Erfolgen, denn wir müssen doch alle wieder lernen, unsere Erfolge zu feiern, oder?

Und sie lassen offizielle Betriebs- oder Weihnachtsfeste organisieren, also von oben, als schöne Geste des Unternehmens.

Auf den Punkt gebracht: Sie ersetzen Theater durch Kasperltheater.

Hört bloß damit auf! Wer glaubt, in einem theaterarmen Unternehmen seien die Leute vorwiegend nett zueinander, dem fehlt es offensichtlich an einschlägiger Lebenserfahrung.

Das Problem ist nur: Selbst wenn Sie aufhören, an den Symptomen herumzudoktern, selbst wenn Sie versuchen, die Generation Y irgendwie in ihr Unternehmen einzubinden, selbst wenn Sie bereit sind, den Taylorismus in Ihrem Unternehmen zurückzufahren: In den meisten Fällen werden sich die jungen Leute aus der Generation Y nicht dafür interessieren. Entweder sie ziehen sich zurück oder sie werden gefeuert oder sie gehen freiwillig. Oder noch schlimmer: Sie bewerben sich erst gar nicht bei Ihnen. Wozu sollten sie sich das auch überhaupt antun?

Hinzu kommt das ideenreiche und hoch bewegliche Wettbewerbspotenzial, das damit heranwächst: Denn wo gehen denn die Menschen hin, die nicht mehr in tayloristischen Unternehmen arbeiten wollen? – Klar: Sie werden Freiberufler, gründen selbst ein Unternehmen oder schließen sich Start-ups an. Es entstehen so also neue Unternehmen, die enormen Druck auf die etablierten Unternehmen auszuüben in der Lage sind. Es entstehen eigene Mikrokosmen in Ballungszentren, allen voran heute Berlin, aber auch München, Hamburg, Köln, Wien, Zürich, Bern, ...

Für die Wirtschaft insgesamt ist somit das Weglaufen der Generation Y aus den tayloristischen Unternehmen kein Problem. Im Gegenteil, denn dadurch kann sich die Wirtschaft substanziell erneuern.

Aber für die Unternehmen gilt: Ohne die geistige Auffrischung gibt es keine Modernisierung der Organisation. Ohne die Modernisierung der Organisation gibt es keine Auffrischung, weil die frischen Geister einen Bogen um die veraltete Organisation machen. Sie haben einfach keinen Bock auf Theater. Und der Wettbewerb nimmt derweil zu, weil die Auffrischung woanders stattfindet, und das macht alles nur noch schlimmer. Ein teuflischer Teufelskreis.

Mit anderen Worten: Sie stehen komplett auf verlorenem Posten. Oder?

Kapitel 7

Zurück zum ursprünglichen Zweck

Was jetzt? Jetzt habe ich viele Seiten geschrieben und Sie haben viele Seiten gelesen und erwarten sicher von mir eine Lösung für das Problem, das da nun vor uns auf dem Tisch liegt: Taylorismus plus Komplexität gleich Schiffbruch. Aber einzelne tayloristische Instrumente einfach abschaffen destabilisiert Ihr Unternehmen ebenfalls und führt genauso zum Schiffbruch, nur das Riff ist ein anderes.

Und die nachfolgende Matrosengeneration? Die wird das Schlamassel nicht einfach automatisch für die Unternehmen lösen. Leider. Denn wenn die Chefs es nicht irgendwie lösen, dann interessieren sich die Talente erst gar nicht für die Unternehmen.

Was soll ich Ihnen nur raten … Wie nur soll man im 21. Jahrhundert ein Unternehmen bauen, so dass der Laden auf Dauer funktioniert?

In solchen kniffligen Situationen trinke ich immer erstmal einen guten Kaffee!

Luftdruck, Temperatur und Timing

Bei mir um die Ecke, im gotischen Viertel Barcelonas, dem ältesten Viertel der Stadt, gibt es hinter der *Catedral de Barcelona* eine kleine Kaffeebar. Sie heißt *Satan's Coffee Corner*. Und hier gibt es den wahrscheinlich besten Kaffee von Barcelona. Jedenfalls bin ich mit dieser Meinung nicht allein und kann aus erster Hand berichten, dass ein Besuch dieser Kaffeebar ein kulturelles und gustatorisches Erlebnis ist.

Marcos Bartolomé, der in der Provinz Rioja im Norden Spaniens aufgewachsen ist, stammt aus einer Kaffeeröster- und -händlerfamilie. Als er sich in Barcelona niederließ, wollte er einerseits die Familientradition fortführen, andererseits das auf seine ganz eigene Weise tun, nämlich mit einer kleinen, coolen, recht puristischen Bar in einem alten Haus mit großem Schaufenster. Zweimal zog er damit innerhalb Barcelonas um, bis er den richtigen Platz gefunden hatte.

Wenn Sie in Satan's Coffee Corner gehen, bekommen sie nicht einfach einen Kaffee aus der Maschine gelassen, sondern für sie wird die Zubereitung eines Kaffees zelebriert: Zuerst einmal werden Sie sorgfältig beraten, welche der 15 verschiedenen Kaffeesorten Sie versuchen möchten. Die ausgewählten Bohnen werden dann vor Ihren Augen von Hand in einer Mühle besonders fein gemahlen. Währenddessen wird das Wasser (natürlich nicht irgendein Wasser, sondern eines mit genau dem richtigen Härtegrad) erhitzt. Um genau zu sein: Es wird auf 83 Grad erhitzt.

Das Kaffeemehl aus der Mühle wird in einen Zylinder gepresst. Unter den Zylinder wird ein frischer Papierfilter aufgeschraubt, der vorher befeuchtet wurde.

Der Barista kippt nun vorsichtig ein wenig von dem 83 Grad heißen Wasser in den Zylinder und rührt den Sud mit einer Art Spachtel um. Dabei schaut er auf eine Stoppuhr und nach exakt 30 Sekunden kippt er das restliche Wasser dazu, bis es 250 ml sind. Nun brüht der Kaffee nochmal 45 Sekunden, bevor ein zweiter Zylinder in den ersten gedrückt wird, wodurch eine Luftsäule den Kaffee durch den unteren Zylinder drückt, von wo er in ein mit warmem Wasser vorgewärmtes Glasgefäß fließt. Das ganze Verfahren nennt sich *Aeropress*, weil der Kaffee durch manuell erzeugten Luftdruck durch den Filter gepresst wird. Das ist eine ganz andere Sache als bei dem üblichen Mailänder Espresso-Verfahren, wo sowohl der Druck als auch die Wassertemperatur viel höher sind.

Aus dem Glasgefäß wird ein wenig Kaffee in ein ebenfalls vorgewärmtes, kelchartiges Glas eingeschenkt – das ist das Glas, aus dem Sie trinken.

Der Kaffee ist nach der ganzen Arbeit nicht richtig heiß, sondern eher warm. Das Besondere an ihm ist die unglaubliche Aromenvielfalt, die sich durch die spezielle Art der Zubereitung entfaltet. Ich bin Kaffeeliebhaber und habe in vielen der besten Bars der Welt Kaffee getrunken, aber ich habe noch nie bei einem Getränk, das Kaffee heißt, so viele Geschmacksnuancen auf einmal genossen. Fantastisch!

Lasst uns zusammenarbeiten

Ich nippe also an diesem wunderbaren Getränk und denke für Sie nach. Es ist erstaunlich, dass es möglich ist, eine dermaßen gute Arbeit mit einem derart herausragenden Ergebnis für nur ein paar Euro anzubieten. Ich bin verblüfft über das Preis-Leistungsverhältnis, wenn ich bedenke, wie viel Zusammenarbeit von wie vielen Spezialisten nötig war, um diesen Kaffee herzustellen. Da ist der lange Weg der Kaffeebohne von der Pflanze bis in die Satan's Bar. Dazwischen liegen die Rösterei, verschiedene Großhändler, Schifffahrtswege, verschiedene Hände der Verarbeitung auf der Plantage, die Pflücker und all die anderen Spezialisten, die sich um die Pflanzung und Aufzucht kümmern.

Aber ist das wirklich Zusammenarbeit? Doch eher eine Lieferkette. Natürlich, der Barista macht die Zubereitung ganz alleine, da braucht es kein Team, keine echte Zusammenarbeit, keine Organisation. Das ist ein kleines verträumtes Handwerk, eine One-Man-Show.

Gut, er hat die Bar nicht alleine gebaut und auch die Möbel nicht. Und das Geschirr wurde ebenfalls irgendwo in einer Firma mit einer Organisation hergestellt. Für wettbewerbsfähige Produkte oder Dienstleistungen braucht es immer so viele Fertigkeiten, die ein Einzelner niemals auf sich vereinigen kann. Egal wie es organisiert wird, ob in einer großen Organisation oder in einem Markt von vielen kleinen Organisationen: Es braucht viele Menschen, die auf konzertierte Weise zusammenwirken.

Ich sehe am Handgelenk des Baristas eine Uhr. Schönes Teil. Einfach nur die Materialien, Glas und Metall, beschreiben den Wert eines solchen Gegenstands nicht annähernd. Auch der Gebrauchswert ist nicht das Entscheidende. Das ist ein Schmuckstück, es transportiert ein gewisses Image. Eigentlich ist dieses Image ein Teil des Produkts selbst. Und auch das muss erzeugt werden, nämlich in der Wahrnehmung der Kunden.

Organisierte Zusammenarbeit … Eigentlich gibt's die ja schon seit dem Beginn der Zivilisation. Nein, anders herum: Die Zivilisation gibt es seit dem Beginn von organisierter Zusammenarbeit. Vorher aßen die Menschen von den Früchten des Bodens und lebten in Höhlen. Schon bei der Jagd begann die Zusammenarbeit.

Etwas gemeinsam zu tun ist zutiefst menschlich, eine jahrtausendealte Facette des Menschseins. Und heute, zu Beginn des 21. Jahrhunderts, ist die Zusammenarbeit in eine Krise geraten, wir finden einfach nicht mehr die richtige Form.

Gleichzeitig beschleunigt und erhöht sich die Notwendigkeit zur Zusammenarbeit, getrieben durch die technischen Entwicklungen, die alles schneller, intensiver, dichter und komplexer machen.

Ich schaue aus dem großen Schaufenster auf die kleine *Placeta de Manuel Ribé*, wo nur wenige Menschen unterwegs sind.

Es gibt ja Uhren mit Glasrückseite, da kann man in das Innere des Gehäuses sehen. Innen drin, auf dem Uhrwerk, ist eine winzige Gravur angebracht, ein Ornament. Ich sehe vor mir, wie ein Mann in jahrzehntelanger Übung diese Gravuren anbringt, er sitzt an einem Rosenholztisch, die Tischplatte endet am Kinn, mit den Augen knapp über der Tischplatte, eine einzige Gravur dauert mehrere Tage … der Graveur kann das. Er ist ein Könner … Aber er graviert nur und baut keine Uhren … Hmmm.

Ich merke gerade, dass ich einerseits am Ausgang des Industriezeitalters entlangdenke, wo das Niveau der technologischen Entwicklung schwindelerregende Höhen erklommen hat, ich andererseits immer wieder auf vorindustrielle Verfahren von Zusammenarbeit komme. Manufakturbetriebe wie beim Kaffee oder der Uhrmacherei.

Wie passt das zusammen?

Was, wie, warum und wozu?

Was war nochmal die Ausgangsfrage? Ich habe eingangs geschrieben: Wie nur soll man im 21. Jahrhundert ein Unternehmen bauen, so dass der Laden auf Dauer funktioniert?

Ich ahne: Das ist die falsche Frage. Sie führt zu nichts. Sie führt nur zu dem Dilemma, das ich in diesem Buch beschrieben habe. Ich muss weiter zurück an die dahinter liegenden Fragen.

Hm, Unternehmen, und zwar alle Unternehmen, sind ja mal wegen Zusammenarbeit gegründet worden. Sonst bräuchte man sie ja nicht. Zusammenarbeit für einen bestimmten Zweck. Reinhard Sprenger sagte dazu treffend: „Arbeit ist Arbeit für andere." Denn sonst wäre es keine Arbeit, sondern Beschäftigung. Ein Unternehmen stellt Dinge her, die es nicht selbst gebrauchen kann, sondern die andere gebrauchen können.

Arbeit gibt es also, weil es Kunden, Mandanten, Klienten, Bürger, Teilnehmer und so weiter gibt. Man tut gemeinsam etwas für andere. Und das unter der Bedingung von Konkurrenz und Knappheit. Ohne Konkurrenz und Knappheit entstehen kein Preis und kein Wert. Ist das Produkt allverfügbar, ist es nichts mehr wert. Und sobald das Produkt für die Menschen interessant ist, entsteht immer Wettbewerb und darin bildet sich durch Handel ein Preis aus, der den Wert ausdrückt. Das alles: Preisbildung, Wertzuschreibung, Handel, Verkauf, Markt, Konkurrenz, Knappheit, geschieht in einer Wechselwirkung mit der Umwelt des Unternehmens und alle zusammen stellen die externen Referenzen dar, die bestimmen, wie das Unternehmen tut, was es tut. Dabei ist die Frage, ob diese externen Referenzen die Menschen zur Zusammenarbeit veranlassen oder nicht.

Die präzise Frage aus Unternehmens- bzw. Gründersicht wäre: Aus welchem Grund muss ich überhaupt mit anderen zusammenarbeiten, wenn ich eine so tolle Geschäftsidee habe? Ich könnte ja auch wie der Barista der Satan's Bar einfach mein eigenes Ding machen.

Die Antwort: Weil ich das Produkt zumeist alleine gar nicht hinbekomme, und zwar weder technisch/technologisch noch wirtschaftlich. Es fehlt mir zum einen das umfängliche Können. Deswegen brauche ich andere Könner. Zum anderen bin ich alleine zu wenig, um ausreichend Geld zu verdienen. Zumindest soviel, dass ich es mir leisten kann, weiterzumachen. Geschweige denn ein richtiges Unternehmen aufzubauen und mein Produkt marktfähig zu machen. Ein Leben reicht nicht aus, um Millionen Uhren herzustellen. Ich brauche also ein Team von Könnern, eine qualifizierte Gruppe, die für mich und mit mir arbeitet.

Gut, der Unternehmer fragt nach dem Warum der Zusammenarbeit, nach dem Grund.

Die präzise Frage aus Mitarbeitersicht ist aber eine andere: Wozu soll ich in diesem Unternehmen mitarbeiten? Und wofür ist das gut? Was ist der Sinn und Zweck dieser Arbeit?

Die präzise Antwort: Damit ich ein Teil eines Teams bin, das XYZ unternimmt. Und weil ich mich mit der Aufgabe XYZ identifiziere, weil ich Teil davon sein will.

Ja, das hört sich reichlich romantisch an. Und dennoch glaube ich, dass immer mehr Menschen genau so denken. Vielleicht ist diese Sinnorientierung ein Luxus, den wir uns in unserer fortgeschrittenen Zivilisation mittlerweile erlauben können.

Wenn aber die Antwort im Einzelfall viel profaner ausfällt, habe ich auch nichts dagegen. Zu sagen „die Arbeit ist dafür gut, dass ich meine Familie ernähren kann", ist völlig legitim. Auch das ergibt Sinn. Und auch damit kann ein Unternehmen umgehen, sofern dieser Zweck des Mitarbeiters zum Grund des Unternehmens und zur Arbeit passt. Manche Unternehmen benötigen allerdings zwingend Überzeugungstäter, ein typisches Massen-Callcenter wohl eher nicht.

Hausaufgaben

Wenn ich nur unternehmerisch frage, wie ich die Gruppe von Könnern organisieren soll, damit sie funktioniert, komme ich viel zu schnell auf die gleichen Antworten wie die Römer bei der Organisation ihrer Armeen. Dabei begehe ich jede Menge *Wrong Turns*, ohne es zu merken. Ich führe vielleicht für ein Team einen Vorgesetzten ein und bin alleine damit schon Richtung Taylorismus abgebogen.

Wenn ich aber nach dem Sinn und Zweck der Arbeit frage, dann ist sofort einleuchtend, dass ich die Arbeit so organisieren will, dass sie möglichst gut zu der aktuellen Aufgabe passt. Nehmen Sie einen Verlag: Der Sinn eines Verlags ist nicht, *Bücher zu produzieren*! Das verstehen vielleicht viele Verlagsmitarbeiter immer noch so, aber es ist schlicht ein Irrtum. Ein Verlag verlegt, das heißt, er verbreitet Inhalte. Dieser Sinn bleibt unveränderlich, auch wenn sich die spezifischen Aufgaben mit der Zeit ändern.

Das bedeutet, bei einem altehrwürdigen Verlag wie Herder oder C.H. Beck gibt es heute immer noch den gleichen, ursprünglichen Daseinszweck wie vor hunderten von Jahren – aber die Aufgabe ist ganz bestimmt heute eine andere als noch vor hundert Jahren. Was sage ich, eine komplett andere Aufgabe als vor zehn Jahren! Denn mittlerweile gibt es das Internet inklusive Amazon!

Die Aufgabe – früher Bücher drucken, heute etwa E-Books kreieren oder Internet Communities aufbauen – ändert sich und erfordert deshalb Anpassungen bei der Organisation. Der Fehler, den die meisten Unternehmen machen, ist, dass sie nach der optimalen Organisationsform für ihren spezifischen Grund fahnden. Sie fragen: Wie organisiert man einen Verlag? Natürlich ist ein Verlag anders zu organisieren als die Entdeckung des Seewegs nach Indien. Und die ist wiederum anders zu organisieren als ein Gartenbaubetrieb.

Aber der Punkt ist: Die Aufgaben haben sich geändert! Und das heißt, ein Verlag im 20. Jahrhundert ist anders zu organisieren als ein Verlag im 21. Jahrhundert. Eine Seefahrt im 15. Jahrhundert ist anders zu organisieren als eine Seefahrt im 21. Jahrhundert. Und ein Gartenbaubetrieb braucht im 21. Jahrhundert ebenfalls eine andere Organisation als ein Gartenbaubetrieb im England des 18. Jahrhunderts.

Die Frage nach dem *Wie* ist also grundfalsch, wenn es darum geht, eine passende Organisation zu finden. Die Fragen nach dem *Was* und nach dem *Warum* sind wichtig, aber sie führen ebenfalls nicht zum Ziel. Fangen Sie mit dem *Wozu* an, mit dem Sinn und Zweck! Denn dann kommen Sie zur spezifischen Aufgabe, die zu lösen ist. Und erst über die Aufgabe kommen Sie zur notwendigen, hilfreichen, nützlichen und passenden Organisationsform.

Sie wollen also in Ihrem Unternehmen wieder mehr arbeiten und weniger Theater spielen? Sie wollen endlich wieder tun, was Sie gut können? Dann frage ich Sie: Wozu? Zu welchem Zweck wollen Sie das tun? Und diese Frage ist erstaunlicherweise immer sehr einfach zu beantworten.

Während es meistens eine intellektuelle Herausforderung ist, den Existenzgrund eines Unternehmens zu fassen, ist es immer sehr einfach und konkret zu sagen: „Wir arbeiten zusammen, um sechs erfolgreiche Events im Jahr zu organisieren." Oder: „Wir arbeiten zusammen, um eine neue Softwaregeneration für unsere Kunden zu entwickeln." Oder: „Wir arbeiten zusammen, um 120 Windschutzscheiben pro Schicht in den neuen Golf einzubauen." Oder: „Wir arbeiten zusammen, um das Verlagsprogramm für den nächsten Herbst zusammenzustellen."

Das Märchen von den Wissensarbeitern

Und das bedeutet nichts anderes, als dass DIE beste Organisationsform für das 21. Jahrhundert überhaupt nicht existiert. Eine One-Size-fits-all-Organisation kann es prinzipiell überhaupt nicht geben. Es gibt nicht die neue Organisationsblaupause als Ersatz für den Taylorismus. Stattdessen gibt es so viele sinnvolle Organisationsformen, wie es sinnvolle Aufgaben gibt.

Wenn es die Blaupause, das Rezept, das Schema F aber nicht gibt, dann sollten Sie bitte auch nicht danach fragen! Denn ich würde Ihnen ansonsten glatt Denkfaulheit attestieren. Die attestiere ich übrigens unserer Gesellschaft in der Breite: Die meisten Menschen geben sich nach meiner Beobachtung nicht nur viel zu früh mit oberflächlichen Antworten zufrieden, sondern sie fordern geradezu die oberflächlichen und zu kurz gesprungenen Antworten, weil alles andere zu anstrengend wäre. Und so ist es ja viel einfacher zu fragen: Wie organisiert *man* ein Unternehmen? Als zu fragen: Wie organisiere ausgerechnet ich ausgerechnet jetzt ausgerechnet dieses Unternehmen mit ausgerechnet diesen Leuten in ausgerechnet dieser Branche und Marktsituation? Da müsste man ja selber denken …

Selber denken heißt außerdem, dass nur einmal selber denken nicht ausreicht: Ihr Unternehmen braucht nicht DIE EINE Organisationsform, sondern viele davon, nämlich so viele, wie es Aufgaben in Ihrem Unternehmen gibt. Das Hinterherjagen hinter der perfekten Organisationsform ist wie die Suche nach der perfekten Frisur: sinnlos. (Wobei ich ehrlich zugeben muss, dass ich von Organisationsformen wohl mehr verstehe als von Frisuren, wie Sie unschwer feststellen werden, wenn Sie mal ein aktuelles Foto von mir sehen.)

Aber wenn Sie wissen, was die Aufgabe ist, dann können Sie fragen: Wie machen wir das zusammen besser? Und das schließt immer die externe Referenz mit ein, also den Kunden, die Wettbewerber, den Markt. Diese Frage entsteht ganz natürlich. Und diejenigen, die sie am besten beantworten können, sind: die Könner der jeweiligen Aufgaben.

Das Problem der optimalen Organisation lösen Sie also auf einer ganz anderen Ebene, als wir alle einmal gedacht haben: Nicht auf der Management-Ebene, auf der Planungsebene, also auf der formellen Ebene, sondern auf den Ebenen der Arbeit und der Menschen. Innerhalb der Wertschöpfungsebene sowie der informellen Ebene: In jedem Unternehmen existieren bereits selbstorganisierende Teams mit direkter Ausrichtung auf externe Referenzen. Nur sehen diese sich dazu gezwungen, unter dem Radar zu operieren, leicht subversiv und immer auf der hier schon häufig erwähnten Hinterbühne. Dort gewährleisten sie die gelingende Wertschöpfung auch bei größten Überraschungen. Aber sie dürfen sich heute noch dabei tunlichst nicht erwischen lassen und sind stattdessen auf das

Theaterspielen angewiesen, sobald sie auf die Vorderbühne treten. Was wir heute also brauchen, ist die Akzeptanz und Legitimation dieser Hinterbühnenarbeit, ja sogar die bewusste Delegation mancher Probleme an die Hinterbühne. Wir dürfen die Könner nicht bekämpfen, gleichwohl aber unterstützen. Und zwar gerade *nicht* durch strukturelle Vorgaben von *oben*, um ihre Zusammenarbeit vermeintlich besser zu machen! Sondern durch den Schutz davor.

Noch ein paar Worte zu den Könnern: Ich verwende dieses Wort nicht so fluffig dahergesagt, sondern ganz ernsthaft und konzis. Dabei kann ich sogar noch ein Schrittchen weitergehen und einem kollektiven Irrtum ein wenig die Luft ablassen: Glauben Sie bitte bloß nicht, beim Arbeiten im 21. Jahrhundert käme es auf das Wissen an! Vergessen Sie den Schmu mit den Wissensarbeitern, auch wenn der Begriff gerade hoch gehandelt wird. Und glauben Sie bitte auch nicht an das vielerzählte Märchen, wir würden in einer Wissensgesellschaft leben!

Das Gegenteil ist der Fall: Die Bedeutung des Wissens für den wirtschaftlichen Erfolg heutzutage nimmt in genau dem gleichen Maße ab, wie die Menge des Wissens zunimmt: rasant schnell.

In Wahrheit können Sie sich nämlich in den heutigen Märkten nicht auf Dauer durch Wissen von anderen Unternehmen differenzieren. Ihr Wissensvorsprung ist immer ruckzuck aufgeholt, denn das Wissen ist ubiquitär, es ist überall und jederzeit verfügbar. Und zwar gilt das genau seit 1995, als das World Wide Web auf den Beinen war und losrannte.

Sie können durchaus mit Recht behaupten, dass Wissen im Wettbewerb erstmal hilft, einen Vorsprung herauszuholen. Und zwar gilt das dann, wenn ein Unternehmen eigenes Wissen erzeugt. Wenn beispielsweise Amazon mithilfe seiner eigenen *dicken Daten* regionale Kaufmuster erkennt und daraufhin Produkte in andere regionale Lager umschichtet, um noch am selben Tag lieferfähig zu sein, so ist das ohne Zweifel ein Marktvorsprung durch Wissen. Nämlich das eigene Wissen über das Surfverhalten der eigenen Kunden.

Andererseits ist das Wissen, dass mithilfe dieses Mechanismus ein Marktvorsprung zu erzielen ist, wieder ubiquitär. Jeder kann schließlich seine Kundendaten sammeln und auswerten. Man muss es nur noch machen bzw. machen können. Der kleine Buchhändler in der Stadt kann aber gar nicht so viele relevante Daten erzeugen, sodass sie aussagekräftig wären. Darum ist es letztlich dann doch nicht das Wissen, das den Unterschied macht.

Nein, Firmen und gerade auch Gesellschaften differenzieren sich nicht durch Wissen. Alles relevante Wissen ist für Gambia oder Honduras genauso verfügbar wie für Deutschland oder die USA, für VW genauso wie für GM, Toyota oder Tesla, für einen Grundschullehrer genauso wie für Stephen Hawking. Die einzig mögliche Differenzierung heute geschieht über das Können. Der einzige Grund, warum Apple mit Smartphones etwa zehnmal so viel Gewinn macht wie Samsung, liegt nicht darin, dass Apple besser *weiß*, wie man Smartphones macht. Das Wissen ist mit Sicherheit in Cupertino und Seoul nahezu das gleiche. Offenbar kann aber Apple etwas, wozu Samsung nicht in der Lage ist: Ein Design entwickeln, für das Kunden bereit sind, wesentlich mehr zu bezahlen. Und das ist keine Frage von Wissen, sondern da braucht es einen überragenden Könner wie z.B. Apples Chefdesigner Jonathan Ive.

Meisterkultur

Der Unterschied ist genau genommen: Wissen ist rationalisierbar, eine Disziplin des Verstands. Können dagegen ist eine Disziplin des Körpers, eine Sache des Gefühls. Darum hängt das Können auch am Individuum und ist davon nicht ablösbar. Plötzlich wird der einzelne Mensch so richtig wertvoll!

Ein Könner hat in einem gegebenen Moment in einer gegebenen Situation auf einmal eine Idee. Er spürt: Ah, so könnte es klappen. Dann spricht er es aus, rationalisiert und argumentiert nachträglich, weil er das Gefühl hat, es könnte das Richtige sein. Wenn sein Gefühl so häufig passende Lösungen für relevante Probleme liefert, dass es häufiger ist als bei den meisten anderen, dann sprechen wir von einem Könner.

Schön lässt sich das mit dem Fahrradfahren erklären: Der Tochter nützt es überhaupt nichts, wenn der Vater Fahrradfahren kann und lang und breit erklärt, wie es geht. Das Wissen über Fahrradfahren ist leicht übertragbar, Wissen ist transferierbar, aber es hilft nichts: Das Können ist eben nicht übertragbar.

Irgendwann, wenn die Tochter es oft genug probiert und nach dem Hinfallen immer wieder aufsteigt, entwickelt sie das Gefühl dafür, wie sie ihren Körper bewegen und einsetzen muss, um Fahrrad zu fahren. Jedes Hinfallen ist ein unmittelbares Feedback, darum lernt jedes Kind sehr schnell Fahrradfahren.

Genauso ist es bei Fußballtrainern: Das Wissen ist bei ihnen allen das gleiche. Aber die Idee, wann ich wen einwechseln muss, wann welcher Impuls hilfreich ist, wann welche Trainingseinheit die bessere wäre, dieses Gefühl folgt Ideen, die den Unterschied ausmachen.

Für Wissen gibt es Seminare, Bücher, E-Books und E-Learnings, Wissen können Sie den Leuten einbimsen. Aber Können können Sie nicht übertragen.

Darum sind die so genannten *Laptoptrainer*, die im DFB-Trainerlehrgang die Bestnoten abräumen, später im Alltag der Bundesliga noch lange keine Erfolgsgaranten. Jedenfalls sind sie nicht signifikant erfolgreicher als Trainer mit schlechteren Lehrgangsnoten.

Ja, ein Trainer kann bei einem großen, erfolgreichen Trainer hospitieren und beobachten, wie der das macht. Aber dabei mehrt sich nicht sein Wissen, sondern im besten Falle schult er so sein Gefühl für gute Ideen.

Erfahrung alleine ist es übrigens auch nicht. Stellen Sie sich einen Mediziner vor, der Top-Spezialist für eine bestimmte Form von Operation bei Krebsgeschwüren ist. Leider ist es so, dass das Feedback, ob die Operation erfolgreich war, erst ca. 20 Jahre nach der Operation kommt, wenn nämlich klar ist, dass die Operation nicht lebensverkürzend war. Ein solcher Mediziner kann noch so viel Erfahrung mit der Operationsform haben, er wird dennoch nur sehr langsam dazulernen, weil die Feedbackschleife so lang ist.

Können ist gleich Erfahrung mal Feedback oder Reflexion. Darum lernen die Menschen an der Peripherie des Unternehmens auch am schnellsten: Dort gibt es kurze Feedbackschleifen: Kunde ist da. Kunde springt ab. Kunde greift zu.

Während es beim Wissen einen *Lehrer* braucht, der Wissen transferiert, braucht es beim Können einen *Meister*, der die Schüler dabei unterstützt, Erfahrungen zu machen, einzuordnen und Rückschläge zu verdauen. Aber die Erfahrungen muss der Schüler selbst machen.

Wenn das so ist, was sagt uns das nun über die gängige Praxis der Personalentwicklung? Über die Weiterbildungsbranche und die Art und Weise, wie wir das ewige Mantra vom *lebenslangen Lernen* gemeinhin interpretieren? – Es sagt uns: Das alles passt genauso schlecht in unsere Zeit wie unser Schulsystem. Und aus denselben Gründen: Wir produzieren Schüler, die Unnützes wissen, aber das Nützliche nicht können.

Ich jedenfalls habe noch nie, wirklich noch nie von einem Chef gehört, der gesagt hat: „Wir haben gerade einen Berufsanfänger und freuen uns darüber, was der alles kann."

Wer dreht an den Knöpfen?

Wir leben auch deshalb nicht in einer Wissensgesellschaft, weil Wissen ohnehin gerade in rasender Geschwindigkeit automatisiert wird. Alle Tätigkeiten, wozu es kein Können braucht, werden wir früher oder später ohnehin an die Maschinen verlieren. Können dagegen lässt sich nicht automatisieren, weil Können keine Funktion des Verstands ist, sondern eine Funktion des Körpers. Können hängt an der Person. Darum ist es in einer *Könnergesellschaft* immer entscheidend, wen Sie mit einer Aufgabe betrauen, und viel weniger, welchen Prozess oder welche Organisationsstruktur Sie vorgeben.

Und Wissen? Hat damit etwa soviel zu tun, wie Fußball mit Schwerkraft: Ist eben da.

Bei Modeschöpfern können Sie den Primat der Idee schön beobachten. Weiß Lagerfeld mehr über Mode als andere oder hat er häufiger gute Ideen als andere? Er würde anstatt zu lachen eine so staubtrockene wie witzige Bemerkung machen …

Genauso ist das bei den Sterneköchen: Sie können alle auf nahezu identische Zutaten zugreifen und haben alle funktionierende Küchen. Aber dennoch schmecken die Speisen am Ende völlig unterschiedlich. Am besten schmecken sie bei den besten Köchen, ganz unabhängig davon, wieviel Wissen sie im Kopf haben. Die Besten haben wiederholt die besten Ideen, das ist schon alles.

Einen Könner wie mein Idol Bobby McFerrin können Sie von anderen x-beliebigen Musikern, die vielleicht über ähnliche technische Sangesfertigkeiten verfügen wie er, differenzieren, wenn Sie seine Improvisationsfähigkeit betrachten: Ihm fällt während einer Session einfach viel häufiger als anderen Musikern etwas Passendes ein, das mit dem Ohr des Publikums resoniert. Und dann sagen wir: „Der hat's einfach drauf."

Um so weit zu kommen, braucht es lange Jahre der Übung. Und das gilt für jedes Berufsfeld. Daran erinnert mich eine Szene, die ich vor mehr als zehn Jahren bei einem Konzert der Eagles in der Max-Schmeling-Halle in Berlin erlebt habe. Man muss die Musik nicht mögen und darf die Jungs für alte Lumpen halten, kann aber dennoch fasziniert sein von dem sagenumwobenen Perfektionsgrad, den die Band bei ihren Konzerten regelmäßig abliefert.

Ich war früh dran, es war hell, die Halle füllte sich und ich stand interessiert direkt neben dem Mischpult. Ich dachte: Was? Dieser Junge da ist der Toningenieur?

Als Musiker weiß ich gut genug, wieviel vom Mann am Mischpult abhängt. Eine derart große Halle zu beschallen, dafür braucht man ein Händchen. Und zwei Öhrchen. Die großen Bands haben nur die allerbesten Toningenieure und die nehmen sie mit um die Welt, wenn sie auf Tour gehen. Der junge Mann mit dem Kopfhörer, der da an den Reglern hantierte, war etwa Anfang dreißig und musste ja schon in jungen Jahren brutal viel Erfahrung gesammelt haben und unglaublich gut sein, dass er bei den Eagles abmischen darf. Ich hatte Hochachtung vor ihm.

Irgendwann wurde es dunkel. Ich war gespannt auf das Konzert.

Plötzlich kam ein gefühlt 85 Jahre alter Mann an Krücken dahergehumpelt und wuchtete sich hinter das Mischpult. Der junge Kerl verschwand wortlos und zügig. Der Alte setzte den Kopfhörer auf, drückte einen Knopf und es ging los.

Ah! Der Junge war nur der Lehrling. Und DAS war der echte Toningenieur! Und dieser alte Haudegen hatte es so im Griff, dass die klangliche Perfektion des Konzerts einfach umwerfend war. Auch bei zehn Musikern, die gleichzeitig spielten, konnte ich jedes einzelne Instrument scharf abgegrenzt und präzise hören. Und das in einer Halle, die ursprünglich Boxveranstaltungen beheimaten sollte.

Genau so ist das auch in Unternehmen, die die Zeichen der Zeit richtig gedeutet haben: Die *alten Hasen* sitzen an den wichtigen Knöpfen. Übrigens ist das keine Aussage über das Lebensalter. Es geht um Könnerschaft, nicht um Alter. Es gibt nicht wenige Technologien, da können eigentlich nur junge Menschen Erfahrung aufgebaut haben, weil die Technologie eben so jung ist.

So vor zehn Jahren etwa suchte die Automobilindustrie händeringend Könner zum *Golddrahtbonden*– eine Technologie bei der Herstellung von Leiterplatten. Man konnte zwar in der Uni lernen, was das ist und wie es prinzipiell funktioniert, aber laut Aussage eines Conti-Top-Managers gab es damals weltweit nur rund sechs Personen, die das Golddrahtbonden in der Großserienfertigung beherrschten. Die waren alle zwischen 30 und 40 Jahre alt. Und wurden weltweit *gejagt* und *gedraftet* wie Cristiano Ronaldo oder Lionel Messi.

Auch in sehr jungen Jahren können Sie ein alter Hase in bestimmten Tätigkeiten sein. Zum Beispiel im Gespräch mit dem Kunden. Was erfolgreiche Verkäufer immer wieder auf's Neue schaffen: in den verschiedensten Situationen mit den verschiedensten Kunden ein tragfähiges Verhältnis aufbauen, das sich positiv auf den Verkauf auswirkt. Sie liegen auch mal daneben, haben aber generell einfach ein Gespür fürs Verkaufen.

Albern wird es erst, wenn diese wahren Könner dann Seminare geben und ihr Gespür als Wissen versuchen weiterzugeben. Als ob es darauf ankäme!

Was wir alle viel besser verstehen müssen: Es kommt nicht darauf an, wie gut ein Verkäufer geschult ist, sondern wer zum Kunden geht. Denn das, was dann funktioniert, steht nicht im Prozesshandbuch. Und das gilt nicht nur für Verkäufer.

Wissen wird gnadenlos überschätzt

Aber war das nicht schon immer so? – Nein, da hat sich einiges Gravierendes geändert: Früher war Wissen nicht so breit verfügbar wie heute und die Halbwertszeit von Wissen war länger. Das heißt, Unternehmen konnten sich früher tatsächlich mittels Wissen voneinander differenzieren – wenn die Differenzierung überhaupt nötig war, denn der Kuchen war einfach so groß, dass es egal war, man konnte ohnehin nicht alle Stücke verteilen.

Aber heute, wo der Kuchen zwar noch größer geworden ist, ist die Anzahl der Mitbewerber, die auch etwas von dem Kuchen abhaben wollen, so groß geworden, dass es dringend geworden ist, besser zu sein und anders zu sein. Sie müssen sich differenzieren. Und jetzt kann es tödlich sein, wenn Sie das Können geringschätzen und das Wissen überbewerten.

Denn alles, was vornehmlich mit Wissen zu lösen ist, ob das Ausfüllen der Steuererklärung oder die Berechnung eines Versicherungsrisikos, können Sie heute automatisieren oder günstig als Fremdleistung einkaufen. Aber Sie können sich darüber nicht mehr differenzieren.

Wissen wird als Erfolgsfaktor generell überschätzt!

Ich staune darum immer wieder, welche Unsummen die großen Konzerne für Wissensmanagement ausgeben. Vor einem halben Jahr rief mich ein Studienkollege einigermaßen verzweifelt an. Sein Mutterkonzern hatte jede Menge Geld in Wissensmanagement investiert, schaffte es aber nicht, dem riesigen Datenberg nun die entscheidenden Informationen zu entlocken. Er jammerte: „Wenn wir doch nur wüssten, was wir alles wissen!. Wir finden es nicht heraus!" Er fragte mich um Rat. Und tatsächlich, ich hatte ein Idee, wie er an die Informationen herankommen konnte.

Was alle Propheten des vermeintlichen Wissenszeitalters vergessen: Sie können auch noch so große Datenmengen anhäufen und Sie können sie auch noch so geschickt verknüpfen: Am Ende hat die Fähigkeit, die richtige, die entscheidende Information aus einem Datenberg zu filtern, alleine etwas mit Können zu tun. Die passende Idee zu haben, ist eine Funktion des Körpers, nicht des Geistes.

Ist das nicht jämmerlich? Sie geben Milliarden aus für die Automatisierung des Wissens und tun so, als könnten sie das Wissen so verschlagworten, dass am Ende sogar ein Rhesusaffe die Lösung für ein wettbewerbsentscheidendes Problem findet, doch dann kommt es im Ernstfall nur darauf an, dass irgendjemand weiß, wen man anrufen könnte, der in der Lage ist, das Passende rauszusuchen. Weil es eine Frage des Könnens ist.

Und genau das ist eine Antwort, die ich für Sie habe: Es kommt nicht alleine darauf an, wie ein Unternehmen, eine Einheit, ein Team organisiert ist, es kommt viel mehr darauf an, wer welche Arbeit macht und dass sie auf eine externe Referenz ausgerichtet ist. Diese drei Parameter – aufgabenspezifische Organisation, Könner, externe Referenz – wechselwirken miteinander und bedingen sich gegenseitig. Sie könnten auch von einer Symbiose sprechen: Eine Organisation ohne Könner ist nichts, Könner ohne Organisation sind nichts, Könner ohne externe Referenz sind dumm, eine Organisation ohne externe Referenz ist dumm. Aber alle drei zusammen können ein Volltreffer sein!

Das bedeutet aber auch, dass Sie eine passende Organisation nur finden, wenn Sie die Könner machen und die externen Referenzen wirken lassen. Konkret: Sie bauen die Organisation für die Kunden, also um das Problem und die Aufgaben sowie um die Könner herum. Darum ist eine Mannschaft in Madrid um Cristiano Ronaldo ganz anders organisiert als eine Mannschaft in Barcelona um Lionel Messi.

In welchem Zustand kommt Zuständigkeit zustande?

Also gut, bauen Sie eine passende Organisation. Wie gehen Sie vor? Wie leiten Sie nun von der konkreten Aufgabe die passende Organisationsform ab? Gut, da ist das Prinzip Selbstorganisation. Dann die richtigen Leute zu den passenden Tätigkeiten sortieren lassen. Außerdem die Finger von oben aus dem Spiel lassen und keine organisatorischen Vorgaben machen. Bauen Sie dabei nicht auf die formelle Struktur und das Organigramm, sie helfen hier nicht.

Als Nächstes müssen Sie dafür sorgen, dass die externen Referenzen wirken dürfen, Sie lassen also sprichwörtlich den Markt wieder ins Unternehmen hinein. Stellen Sie sich vor, Sie würden für die anstehende Aufgabe ein kleines Unternehmen neu gründen. Als Start-up mit drei Leuten. Sie sitzen alle um einen Tisch herum.

Das Telefon klingelt.

Jetzt ist die Frage: Wer geht ran? Wie organisieren wir das? Wer ist zuständig?

Nein, genau das ist gerade nicht die Frage. Stattdessen wird das Naheliegende passieren: Noch bevor das Telefon zum zweiten Mal klingelt, haben alle drei nach dem Hörer gegriffen. Und derjenige, der schneller war, ist am Telefon. Das ist die beste Organisationsform für diese Situation.

Nun wächst das Unternehmen, sicher auch, weil es so kundenorientiert und so reaktionsschnell ist. Aus dem Tisch wurde eine Tafel, es sitzen dreimal so viele Leute drumherum. Wie müssen wir das jetzt organisieren? Brauchen wir Platzkarten, damit klar ist, wer wo sitzt? Braucht es ein Rederecht? Wer ist der Zeremonienmeister? – Na ja, irgendwie müssen wir das durch die wachsende Anzahl der Mitarbeiter entstehende Chaos jetzt doch ordnen und da orientiert man sich am besten an den typischen Beispielen, die es so gibt. Zum Beispiel die Bundespressekonferenz oder am besten gleich die Kabinettssitzung. Oder wie macht das Siemens in der Vorstandssitzung?

Der Effekt ist: Im Willen, das Team zu organisieren, verlieren Sie jegliche Naivität der Anfangszeit und fangen an, abzugucken. Und Sie beginnen, sich vornehmlich an internen Referenzen zu orientieren. Der Trick ist, naiv zu bleiben und alleine die externen Referenzen wirken zu lassen: Fragen Sie sich, was genau Sie jetzt in dieser Situation erfolgreich macht. Sind es die spontanen Reaktionen auf die Kundenwünsche? Na, dann machen wir doch keine schwerfällige Tafel auf, sondern lieber vier kleine Tische, wo es keine Moderation braucht.

Und dann probieren Sie aus, ob es klappt. Ob es also erfolgreich ist. Wenn nicht, verändern Sie es. Anstatt die ein für allemal passende Organisationsform zu finden, bleiben Sie einfach im Fluss. Dabei geht es nur darum, bestimmte übliche Denkfehler nicht zu machen. Übernehmen Sie nichts, was der Taylorismus schon vorgedacht hatte. Machen Sie nicht die *Wrong Turns*, das ist der beste *Right Turn*, den Sie machen können. Erfinden Sie das Rad lieber neu.

Das heißt konkret: Einen *Wrong Turn* begehen Sie dann, wenn Sie einer komplexen Situation lediglich mit komplizierten Denk- und Handlungsmustern begegnen. Das muss einfach schiefgehen.

Als Faustregel können Sie nehmen: Komplizierte Denk- und Handlungsmuster sind wissensbasiert. Sie gehen davon aus, dass Sie die Situation steuern, planen und beherrschen können. Sie rufen nach Regeln, Prozessen, Anweisungen. Die passende Frage ist: *Wie geht das?*

Komplexe Situationen sind die, die Sie mit Wissen nicht lösen können, die Sie nicht steuern, vorausplanen und beherrschen können. Stattdessen müssen Sie passend reagieren. Und dafür braucht es jemanden mit Gespür, jemand, der es im Gefühl hat, was zu tun ist. Die passende Frage ist: *Wer kann das?*

Unterscheiden Sie trennscharf zwischen komplex und kompliziert. Büroorganisation ist kompliziert. Verkaufen ist komplex. Reisekostenabrechnung ist kompliziert. Beratung ist komplex. Und so weiter.

Im Prinzip keine Regel

Moment. Das ist jetzt dann doch alles zu einfach. In Wahrheit ist das alles weder einfach gedacht, noch einfach gemacht. Und Sie könnten mir hier schlicht vorwerfen, ich würde die alten, tayloristischen Faustregeln der Unternehmensorganisation, die ich verwerfe, nun einfach nur durch neue Faustregeln ersetzen.

Nun, genau genommen tue ich exakt das. Allerdings liegt mein Vorschlag auf einer anderen Ebene. Denn die Faustregeln, die ich vorschlage, sind eigentlich gar keine Regeln, sondern Prinzipien.

Wenn ich also sage: Organisieren Sie Komplexes nicht kompliziert und umgekehrt, dann genießt dieses Prinzip einerseits Universalität, muss aber in jeder konkreten Situation durchdacht und auf die konkrete Situation übertragen werden. Im Gegensatz zu einer echten Regel ist ein Prinzip völlig unkonkret. Und genau deshalb passen Prinzipien gut in komplexe Umfelder.

Auch wenn es weh tut: Genau das ist die Lösung für die Aufgabe des Organisierens von komplexer Zusammenarbeit: Werfen Sie konsequent alle Blaupausen, alle fixierten, fest verdrahteten, konkreten, vorgegebenen Organisationsregeln, die Sie an der Universität oder der Business School oder an der Berufsschule gelernt und verinnerlicht haben, in die Tonne der Wirtschaftsgeschichte. Denn sie können unmöglich für die konkrete Aufgabe gelten, die Sie gerade vor der Brust haben.

Und nicht nur das: Sie dürfen nicht nur den tayloristischen Organisationsregeln nicht mehr auf den Leim gehen, sondern bitte lassen Sie auch die Finger von allen so heilsversprechenden New-Work-Regeln und modernen Blaupausen wie Holocracy, Management 3.0, Results-Only Work Environment (ROWE) und so weiter. Damit würden Sie nur versuchen, den Teufel mit dem Beelzebub auszutreiben. Ein *Wrong Turn* deluxe. Bullshit Royal!

Denn es war ja andersherum: Da war ein Team oder eine Firma (bei Holocracy beispielsweise war es das amerikanische Softwarehaus *Ternary*, bei ROWE die amerikanischen Elektronikmarktkette *Best Buy*). Die hat eine ganz individuelle Organisation gefunden. Und sie war erfolgreich. Danach (!) kam einer, der das beobachtet, etikettiert und aufgeschrieben und dann als neues Organisationsmodell verbreitet hat. Dabei liegt der Schluss doch auf der Hand, dass eher die Firma das Modell erfolgreich gemacht hat und nicht das Modell die Firma.

Insofern wäre es wirklich purer Zufall, wenn das mit der tollen neuen Methode auch bei Ihnen klappen würde.

Stattdessen müssen wir uns auf allgemeingültige Organisations*prinzipien* besinnen, so dass Sie sie dann spezifisch für Ihre Aufgabe, Ihre externen Referenzen und Ihre Könner herunterdenken und in konkrete Regeln verwandeln können, die nur bei Ihnen gelten. Und nur für eine gewisse Zeit.

Damit glasklar ist, was ich meine: Regeln werden in Form von Kausalbeziehungen formuliert, meist in der Form *Wenn–dann* („Wenn die Ampel rot ist, dann muss man davor stehen bleiben"). Sie geben eine Handlung vor (Stehenbleiben), die sich direkt aus einer bestimmten Situation ergibt (Rote Ampel). Eine Regel sagt also quasi in aller Deutlichkeit, was zu tun ist. Ich bezeichne daher Regeln auch als *laut*. Regeln müssen nur exekutiert, also ausgeführt werden, eine Entscheidung dagegen ist nicht erforderlich.

Eine Regel kann nur dann gefahrlos angewandt werden, wenn das Problem vorab bekannt ist. Das Festlegen von Regeln setzt also ausreichendes Wissen über die Situation und das Problem voraus. Festgelegt wird eine Regel dabei meist von einer übergeordneten Autorität. Das Befolgen einer Regel schafft in komplizierten Umfeldern Sicherheit. Wenn das Befolgen der Regel nicht die gewünschte Wirkung erzielt, dann war die Regel falsch. Verantwortungsübernahme ist nicht erforderlich.

Solche Regeln könnten also heißen: „Erst wenn die Reisekostenabrechnung vom Vorgesetzten abgezeichnet wurde, darf sie bezahlt werden." Oder: „Die Teamgröße muss zwischen fünf und acht Personen liegen." Oder: „Jedes halbe Jahr ist von der Führungskraft ein Gespräch mit allen Mitarbeitern durchzuführen."

Regeln sind laut, Prinzipien hingegen *stumm*, d.h., aus einem Prinzip folgt keine unmittelbare Handlung. Während Regeln Komplexität reduzieren, indem sie sagen, was zu tun ist, wenn etwas der Fall ist („Das Sägeblatt muss jede Stunde gewechselt werden"), schaffen dagegen Prinzipien Platz für Komplexität, indem sie sagen, was der Fall sein muss, nachdem etwas getan wurde („Eine gute Säge muss scharf sein").

Prinzipien sind kontextfrei, sie gelten also immer. Gleichsam erfordern Prinzipien immer eine Entscheidung, damit gehandelt werden kann. Da Entscheidungen immer auch falsch sein können, erzeugt die Anwendung von Prinzipien Verantwortung.

Der große Vorteil von Prinzipien ist, dass sie nicht bloß auf bekannte, sondern auch auf unbekannte, also neue Probleme angewendet werden können. Es braucht daher nur wenige Prinzipien für viele mögliche Probleme.

Wenn also Google sagt: „Don't be evil", dann ist das ein Prinzip, keine Regel.

Und wenn ich vorschlage: Die externen Referenzen und die Könner im Team sind ausschlaggebend für die Organisation des Teams, dann ist das ein Prinzip.

Wenn Sie ihm folgen wollen, dann werden Sie für jede Aufgabe unabhängig von den anderen Aufgaben eine situative Organisation entstehen lassen. Der Rest ist Ausprobieren, Weitersuchen, Üben. Und wenn Ihnen jemand sagt, dass er *weiß*, wie *man* Ihr Geschäft organisiert, dann schmeißen Sie ihn bitte höflich raus.

Denn das kann niemand wissen.

Kill your Darlings

O h, doch, es gibt sie! Es gibt die Unternehmen, die schon längst tun, worüber ich hier erst schreibe. Die arbeiten anstatt Theaterstücke über Arbeit aufzuführen. Die leisten anstatt zu spielen. Die sich und anderen einen Sinn erfüllen anstatt zu funktionieren. Die in kleinen, agilen Zellen arbeiten anstatt sich in monströse bürokratische Abteilungsklöpse ab-zu-teilen. Die den Marktdruck ausüben, unter dem andere wehleidend klagen. Die Ergebnisse liefern statt Pflichtenhefte abzuarbeiten. Die Informationen zur gemeinsamen Wertschöpfung statt zum Machterhalt nutzen. Die Mitarbeiter an Kapital und Erfolg teilhaben lassen anstatt ihnen Karotten vor die Nase zu halten, um sie zu motivieren. Die Probleme lösen anstatt die Zukunft zu planen. Die unternehmerischen Prinzipien folgen anstatt bürokratischen Regeln. Die situativ von den Könnern geführt anstatt von Posteninhabern gemanagt zu werden. Die sich zum Nutzen des Kunden selbst organisieren anstatt auf Organigramme zu starren, um herauszufinden, wo ein Mitarbeiter *aufgehängt* ist. Und die erfolgreich sind.

Die Pioniere

Ein Pionier der Post-Management-Ära, Niels Pfläging, beschrieb schon vor zehn Jahren in seinem mehrfach ausgezeichneten Buch *Führen mit flexiblen Zielen* zwölf neue Leuchttürme der Unternehmensführung für das 21. Jahrhundert:

Svenska Handelsbanken, eine schwedische Bank die unter anderem ohne Budgets und ohne fixierte Ziele arbeitet.

AES, ein US-amerikanischer Energieversorger, der keine Personalabteilung hat und in der die Mitarbeiter ohne jede Beteiligung von Vorgesetzten alle geschäftlichen Entscheidungen selbst treffen, sogar strategische Entscheidungen.

dm-Drogeriemarkt, das deutsche Vorzeigeunternehmen der New Worker, das als gutes Unternehmen dem bösen Unternehmen Schlecker über Jahre Marktanteile abgenommen und in die Pleite getrieben hat. Das Erfolgsprinzip des Gründers und damaligen Geschäftsführers Götz Werner lautete: *Filialen an die Macht!* Der Zentrale wurde die Arroganz ausgetrieben und sie dazu verdonnert, die Filialen mit Macht, Informationen und allem auszustatten, was sie brauchten, um selbst für ihren Erfolg zu sorgen. Werner setzte auf den *hauswirtschaftlichen Verstand* der Mitarbeiter in den Filialen anstatt auf *Business Intelligence* in der Zentrale.

Southwest Airlines, die US-amerikanische Billigfluglinie aus Dallas, die für die ausgeprägte Kundenorientierung ihrer Mitarbeiter trotz günstiger Flugpreise berühmt ist. Der Trick: Bei Southwest stehen erklärtermaßen die Mitarbeiter an erster Stelle, die Kunden erst an zweiter Stelle. Das übergeordnete Ziel ist Spaß bei der Arbeit. Planung dagegen gibt es kaum. Als ein Analyst vom Chef Herb Kelleher einmal einen strategischen Plan forderte, antwortete der ironisch: „Wir haben einen Plan. Er lautet: Wir tun Dinge!"

W. L. Gore & Associates, der US-amerikanische Verarbeiter des Werkstoffs Polytetrafluorethylen (PTFE), der daraus unter anderem das berühmte Gore-Tex herstellt. Gründer Bill Gore verachtete Hierarchien, das Unternehmen ist stattdessen in temporären *Task Forces* mit ca. 150 Mitarbeitern organisiert, die eine Zellteilung durchführen, wenn sie deutlich größer werden.

Guardian Industries, ein US-amerikanischer Hersteller von Flachglas und Spiegeln, das trotz seiner knapp 20.000 Mitarbeiter und über fünf Milliarden US-Dollar Umsatz nicht börsennotiert ist, sondern sich in Privatbesitz befindet. Das Unternehmen wird streng nach den *Lean-Prinzipien* geführt und Bürokratie als größter gemeinsamer Feind betrachtet. Es gibt keine Mission Statements, keine Organigramme, keine Stellenbeschreibungen, minimale Dokumentation, kaum Job Titles, keine Budgets.

Dell, der US-amerikanische Computerhersteller, der das Geschäftsmodell der Branche revolutionierte, indem er PCs nach den Wünschen des einzelnen Kunden erst nach Eingang der Bestellung baut und dann direkt liefert, ohne Zwischenhändler (Build-to-order-Prinzip). Lagerbestände wurden durch Informationen ersetzt. Die Firma ist um Produkt- und Kundensegmente herum organisiert, nicht in einer tayloristischen Silo-Organisation mit den obligatorischen Geschäftsbereichen und Abteilungen.

Aldi, der deutsche Marktführer der Discounterbranche, der radikal dezentral organisiert ist. Die Personalabteilung hat keinerlei Weisungsbefugnisse gegenüber den Mitarbeitern, es gibt keine separate Controllingabteilung und so gut wie keine Stabsabteilungen. Die Organisationsstruktur folgt der Geografie: Zwei große Einheiten teilen sich den Markt in Nord und Süd auf. Innerhalb dessen gibt es rechtliche eigenständige Regionalgesellschaften mit jeweils einigen Dutzend Filialen. Wird eine Regionalgesellschaft zu groß, teilt sie sich. Ansonsten wird alles so einfach, asketisch und bescheiden wie möglich gehalten. Strategische Planung ist unbekannt, stattdessen wird konsequent ausprobiert, was am besten funktioniert.

Egon Zehnder International, der Schweizer Personalberater, der es konsequent vermeidet, Individualleistung zu belohnen und stattdessen die Höhe der an alle ausgezahlten Erfolgsbeteiligungen lediglich nach der Dauer der Betriebszugehörigkeit staffelt.

Semco, das brasilianische Industrieunternehmen, das häufig als Musterbeispiel eines *demokratischen Unternehmens* herangezogen wird. Kleine Teams von sechs bis zehn Mitarbeitern steuern sich voll verantwortlich selbst und sind an keine Weisungen von Managern gebunden. Sie setzen sogar die Gehälter selbst fest. Die Teamchefs werden von den Mitarbeitern auf Zeit gewählt. Alle finanziellen Daten des gesamten Unternehmens stehen sämtlichen Mitarbeitern unterschiedslos zur Verfügung, inklusive Einsicht in alle Gehälter.

Toyota, das von Akio Toyoda geführte Unternehmen aus dem japanischen Toyota, das derzeit der weltgrößte Autobauer ist. Hier wurde das Produktionssystem entwickelt, das heute als *Lean Production* bezeichnet wird und das gefeiertes Vorbild in den verschiedensten Branchen geworden ist. Anstatt an interne Referenzen und Vorgaben gekoppelt die Effizienz der Produktion zu optimieren, geht Toyota genau anders herum vor: individuelle Kundenbestellungen bedienen, eine nach der anderen. Hier ordnet sich alles der externen Referenz unter.

Ahlsell, das schwedische Baustoffhandelsunternehmen, das seine über 200 Profitcenter ohne Budgets und ohne fixierte Ziele steuert. Die Teams treten gegeneinander in Ligen an, wo die momentane Rentabilität über den Tabellenplatz entscheidet. In der *Ersten Liga*, wo sich die rentabelsten Einheiten miteinander messen, entscheidet außerdem noch die aktuelle Wachstumsrate von Umsatz und Ergebnis über den Tabellenstand. Die besten Teams werden so zusätzlich herausgefordert, das rentable Wachstum des Unternehmens zu fördern. Die Siegerteams einer Saison erhalten einen Strauß Rosen, einen großzügigen Bonus und dürfen ihre erfolgreichen Praktiken allen anderen Teams vorstellen. Der unternehmensinterne Wettbewerb ersetzt komplett das übliche System aus fixierten Zielen.

Die schlimme Praxis mit der Best Practice

Diese Pionier-Unternehmen haben nur wenig gemeinsam. Wer nach einem roten Faden und einer universellen Anleitung sucht, um etwas davon abzukupfern, wird enttäuscht sein. Es scheint so zu sein, als würde jedes dieser Unternehmen etwas ganz Bestimmtes besonders gut können, während andere Faktoren vernachlässigt werden. Die einzigen Gemeinsamkeiten: Diese Unternehmen sind in ihren Märkten überdurchschnittlich erfolgreich. Und ihre Mitarbeiter arbeiten mit überdurchschnittlicher Freude, Motivation und Loyalität.

Die von Niels Pfläging gesammelten waren nur die ersten Beispiele unter vielen weiteren, die seitdem gefunden und veröffentlicht wurden.

Es gibt eine enthusiastische Bewegung, die solche Unternehmen als *New Worker* bezeichnet – ein Begriff, den Frithjof Bergmann 2004 einführte und der inzwischen sehr umfangreich diskutiert wird. Da treffen sich Menschen auf hoch-interaktiven Großgruppenveranstaltungen, *Open Spaces* oder *Barcamps*, die sich mehr Freude bei der Arbeit, mehr Menschlichkeit in der Wirtschaft und mehr Fairness im Unternehmen wünschen. Die *New-Work-Unternehmen* werden dabei als leuchtende Beispiele hochgehalten.

Die New-Work-Bewegung sammelt ständig weitere Vorbilder – und ich selbst habe mich daran ebenfalls beteiligt: In dem von mir gemeinsam mit Mark Poppenborg gegründeten Think-Tank *intrinsify.me*, einem offenen Netzwerk für die neue Arbeitswelt und moderne Unternehmensführung, führen wir an selbstorganisierten und sinngetriebenen Formen von Zusammenarbeit interessierte Menschen und Unternehmen zusammen, damit sie sich austauschen und voneinander lernen.

Beispielsweise entstand aus diesem Netzwerk heraus und über Crowdsourcing finanziert der Dokumentarfilm *Augenhöhe*. Darin werden einzelne Menschen und Unternehmen porträtiert, die in der Arbeit vieles anders und besser machen als üblich. Alle diese Menschen sind auf der Suche nach einer theaterfreieren, moderneren, erfüllenderen Arbeit: mehr Freiräume, weniger Hierarchien, mehr Teams, mehr Selbstverantwortung, also mehr Zusammenarbeit auf Augenhöhe eben. Arbeit so zu gestalten, fand ich ja eine tolle Idee. In meinem Blog habe ich ebenfalls New-Work-Unternehmen vorgestellt, damit sie für andere als Beispiel und Anreiz dienen können, die Arbeit im eigenen Unternehmen anders zu gestalten.

Aber genau das war ein Denkfehler von mir!

Sie können nicht Arbeit auf eine bestimmte Weise gestalten, damit sich alle wohler fühlen und erfolgreicher sind. Das ist genau verkehrt herum gedacht!

Nicht die gute Methode, die Praktik macht das Team erfolgreich. Sondern ein Team entwickelt aus den aktuellen Notwendigkeiten und Gegebenheiten heraus eine Methode, eine Praktik – und ist damit unter Umständen erfolgreich. Das Team ist nicht deshalb erfolgreich, weil die Methode so gut ist, sondern das Team ist so gut, dass es eine Methode erfolgreich machen konnte.

Genau das ist das Drama mit den Best-Practice-Beispielen. Und das ist auch der Grund, warum ich lange gezögert habe, ob ich dieses Kapitel überhaupt schreiben soll: Da beschreibt jemand, was eine besonders erfolgreiche Firma mit besonders glücklichen Mitarbeitern so Besonderes getan hat. Der Leser denkt, das ist aber eine gute Idee und offensichtlich eine sehr gute Praktik – und wendet sie an. Er geht dem Best Practice auf den Leim, weil er glaubt, dass die Praktik das Best-Practice-Unternehmen erfolgreich gemacht hat.

Umso enttäuschter ist er, wenn die Praktik bei ihm überhaupt nicht fruchtet, ja, vielleicht sogar am Widerstand der Mitarbeiter komplett scheitert. Und dann liegt der Schluss nahe: Entweder ist die Praktik Mist oder die Mitarbeiter sind schuld. Dabei ist beides unwahr.

Es liegt nie an den Leuten: Google ist nicht deshalb so erfolgreich, weil es so außergewöhnliche und gute Leute hat. Und Grundig ist nicht deshalb pleite gegangen, weil es so biedere und schlechte Leute hatte. Nein, Google ist so erfolgreich, weil es sich so organisiert hat, dass es für den Markt und die Mitarbeiter passt. Und Grundig ist insolvent gegangen, weil es sich so organisiert hat, dass es für den Markt und die Mitarbeiter nicht gepasst hat.

Darum meine Bitte an Sie: Nehmen Sie all die genannten Unternehmen nicht als Best-Practice-Beispiele. Wenn Sie sich Organisationen anschauen, die etwas anders machen als üblich und damit erfolgreich sind, dann ist eigentlich überhaupt nicht so spannend, was sie tun, sondern was sie weglassen.

Sie können fragen: Welche tayloristische Regel lässt das Unternehmen einfach weg? Und können Sie sich davon inspirieren oder anregen lassen, in Ihrem Unternehmen auch etwas Ähnliches und auf ähnliche

Weise wegzulassen? Und ich sage *inspirieren* oder *anregen*, nicht *nachmachen*!

Denn Ihr Ziel muss sein, dem Sinn und Zweck Ihrer Arbeit und der Aufgabe für Ihren Kunden in Ihrem spezifischen Team besser gerecht zu werden, um im Wettbewerb zu bestehen. Und das ist ein komplexes Problem, da können Sie das Denken nicht einfach anderen überlassen!

Arbeit gestalten? Um Himmels Willen!

Die *New Worker* regen sich gerne darüber auf, dass sich so wenige Top-Manager mit der besseren Gestaltung von Arbeit beschäftigten. Und ich hatte dafür zunächst volles Verständnis. Auch ich fragte mich: Warum nur sind die Führungskräfte an New Work meistens so gar nicht interessiert? Ja, sie verhalten sich sogar größtenteils geringschätzig, wenn sie mit den leuchtenden Beispielen konfrontiert werden! Oder sie leugnen in einem Anfall von verwirrter Ignoranz die Existenz solcher Unternehmen gleich ganz.

Dann schimpfen sie über die irrationalen Trends aufsitzenden Theoretiker, die keine Ahnung von der Praxis im Unternehmen hätten. Oder sie verhöhnen die Romantiker, die von Flexibilität in Job und Leben schwärmen, von Internet for Free, von intrinsischer Motivation und Glück und Freiheit bei der Arbeit – während die Arbeitswirklichkeit aber nunmal eine ganz andere ist: Flexibilität ist selten möglich, statt Selbstbestimmung dominieren in Wahrheit Politik und Machtspiele. Und wenn du selbstständig und unternehmerisch denken willst, kannst du gleich deinen Aufhebungsvertrag unterschreiben!

Ich fand das unglaublich naiv und gefährlich, so zu denken. Schließlich war ich auch einmal der Meinung, dass eine attraktiver gestaltete und an die Komplexität angepasste Arbeit zu einem erfolgreicheren Unternehmen führen würde.

Mittlerweile frage ich mich aber, ob es als Manager nicht sogar klug ist, sich NICHT mit New Work und ihren Leuchtturm-Beispielen zu befassen.

Warum?

Weil es die Hauptaufgabe von Unternehmen ist, Überlebensfähigkeit herzustellen und zu erhalten. Wenn sich die Wirtschaft ändert, dann ändern sich von außen (Kunden, Lieferanten, Partner) die Ansprüche an die Unternehmen. Führungskräfte oder Chefs – letztlich alle Mitarbeiter eines Unternehmens – müssen neue Überlegungen anstellen, wie sie diesen Ansprüchen gerecht werden können.

In der Umgestaltung der Arbeit selbst eine Lösung dafür zu sehen – genau darin liegt der Denkfehler. Nicht weil andere, attraktivere Arbeitsformen keine gute Sache sind. Keineswegs, das kann schon schön sein. Sondern weil es suggeriert, dass Arbeit ein Gestaltungsfeld ist, also etwas, das sich aktiv und direkt umgestalten lässt.

Aber das stimmt nicht. Arbeit folgt nicht unmittelbar den Wünschen des Unternehmens, sie ist nicht ihr Verdienst. Arbeit – und das ist der wichtige Punkt – folgt den Anforderungen des Marktes und der eigenen Organisation. Sie folgt immer nur der Lösung des Kernproblems von Unternehmen, also der Herstellung von Überlebensfähigkeit. Sie selbst ist nicht die Lösung.

Wer Arbeit besser gestalten will, vertauscht doch glatt die Wirkungsrichtung! Nicht die umgestaltete Arbeit sorgt für bessere Lösungen, sondern bessere Lösungen sorgen für eine andere Arbeitsweise. Die Lösung für das Problem „Was müssen wir tun, um Wettbewerber auszustechen?" verändert die Arbeit. Weil das Kundenproblem anders gelöst werden muss – nicht, weil sich die Unternehmer überlegt haben, wie sie die Arbeit anders gestalten können.

Beispielsweise bedeutet das: Arbeit wird nicht digitaler gemacht. Arbeit wird digitaler, weil die Digitalisierung in der Wirtschaft es erfordert. Das passiert ganz automatisch, wenn ein Unternehmen überlebensfähig bleiben möchte. Wenn also durch die Anpassung an die Erfordernisse der Wirtschaft eine neue Form von Arbeit entsteht, dann nur, weil das Unternehmen sich an seine Umwelt angepasst hat, also eher: anpassen musste.

Für manche Teams und Abteilungen in manchen Branchen kann das auch bedeuten, auf keinen Fall den modernen Versuchungen zu verfallen. Automobilhersteller können beispielsweise nicht einfach beschließen, die getaktete Fließbandarbeit abzuschaffen, weil das keine schöne Arbeitsweise mehr ist. Dadurch würden sich die Konzerne selbst ins Aus schießen. Der schwedische Autobauer Volvo versuchte genau dies in den 1980er Jahren in seinem Montagewerk in Uddevalla und scheiterte krachend. Denn an genau dieser Stelle steht Effizienz (im umfänglichen Sinne also inklusive Qualität und so) nämlich nach wie vor an oberster Stelle. Um überlebensfähig zu bleiben, dürfen sie hier gerade NICHT nach *New Work* arbeiten.

Erst wenn die Überlebensfähigkeit hergestellt ist, DANN können Unternehmen daran arbeiten, die Umfelder, in denen die Arbeit stattfindet, zu gestalten – bessere Lichtverhältnisse, Fitnessstudio, Home Office, gewählte Chefs etc. Ja, alles um die Arbeit herum kann nach eigenen Moralvorstellungen gestaltet werden, aber nicht die Arbeit selbst.

Und darum ist New Work in seiner Eindimensionalität eben ein Denkfehler, dem auch ich aufgesessen bin. Weil die ganzen Beschreibungen von New-Work-Unternehmen nichts anderes sind als eine Beschreibung von Unternehmen, die sich an ihre Umwelt angepasst haben und dadurch eine bessere Überlebensfähigkeit im komplexen Markt geschaffen haben.

Viel spannender als die Frage, wie Unternehmen Arbeit schöner – oder gar *artgerechter* – machen können, finde ich nämlich, wie Unternehmen im sich ständig verändernden Markt wettbewerbsfähig bleiben können. Und die Arbeit? Die folgt dann genau dem.

Don't get me wrong!

Das ist auch der Grund, warum wir bei *intrinsify.me* mittlerweile einen anderen Blick auf die Unternehmensbeispiele haben als die New-Work-Bewegung. Einen, der auf eine weitere, eine ganz wesentliche Komponente fokussiert. Es hat eine Weile gedauert, bis ich das verstanden hatte. Aber jetzt ist es klar: Wenn man es genau nimmt, wollen die New Worker primär die Arbeit menschlicher machen. Ein *Intrinsifyer* aber will überhaupt nicht nur die Arbeit verändern, sie ist für ihn einfach da und muss gemacht werden. Die moralische interne Referenz ist nicht die erste treibende Kraft. Dafür ist die externe Referenz, der Markt und der Wettbewerb der bestimmende Faktor. Und um ihm gerecht zu werden, damit also die Arbeit möglichst gut gemacht wird, probieren Intrinsifyer verschiedene Formen von Zusammenarbeit aus, um eine besser passende zu finden.

Das heißt, ich unterscheide zwischen *Arbeit* und *Zusammenarbeit*. Und genau das biete ich Ihnen auch an, um aus der moralischen Falle herauszukommen, die die New-Work-Bewegung aus Versehen aufgestellt hat.

Arbeit? Das ist das, was für den Kunden getan wird. Arbeit ist das, was Wert erzeugt, Arbeit ist Wertschöpfung. Arbeit folgt ausschließlich externen Referenzen und resultiert folgerichtig aus einer Perspektive auf die Kunden und den Wettbewerb. Aus Sicht von außen auf das Unternehmen ist die geleistete Arbeit das Einzige, was zählt. Das ist die harte Realität.

Zusammenarbeit ist die unternehmensinterne Perspektive. Hier geht es darum, wie die Arbeit zusammengefasst und organisiert wird. Während Arbeit das *Was* meint, meint Zusammenarbeit das *Wie*: Wie lassen ausgerechnet wir ausgerechnet jetzt für ausgerechnet diese aktuelle Marktsituation den gewünschten Wert entstehen?

Dabei ist die Arbeit das Leitmotiv für die Zusammenarbeit, sie ist der Grund für die Zusammenarbeit. Und nichts Weiteres als die Arbeit ist der Grund, denn wäre die Arbeit nicht da, bräuchte es keine Zusammenarbeit.

Deswegen muss die Zusammenarbeit primär die Arbeit organisieren. Und eben nicht primär menschlich sein!

Die Krux der New-Work-Perspektive ist der Fokus auf die moralische Perspektive. Sie hält den Blick in einem romantischen Korsett gefangen und bewertet in erster Linie aus der inneren Referenz heraus, was für die Menschen wichtig sei.

Wenn aber die Arbeit noch so schön und menschlich gemacht wird, der Wettbewerb aber mit weniger menschlichen Standards schon längst vorbeigezogen ist und den Kundenbedarf abgefrühstückt hat, dann passiert der GAU, *der größte anzunehmende Unmenschlichkeitsfall*: Die Arbeitsplätze werden obsolet, weil sie sich nicht mehr refinanzieren.

Nein, die Zusammenarbeit muss primär der Arbeit folgen, um sekundär dem Team gerecht zu werden: Der Markt zieht die Teams, sie müssen

Angebote machen, müssen dem Druck des Wettbewerbs begegnen, müssen selbst den Wettbewerb unter Druck setzen. Dieses rangelige, hakelige, konkurrentige Rennen da draußen ist real! Sie können es nicht wegromantisieren, indem Sie persönliche Befindlichkeiten höher hängen als die Befindlichkeiten des Kunden. Arbeit leisten muss ich. Ich habe keine Wahl. Sonst fliege ich raus.

Zusammenarbeit hat darum primär etwas damit zu tun, wie effektiv und ja, auch wie effizient ich Arbeit erzeuge. Wenn ich das nicht gut mache, fliege ich ebenfalls raus.

Intrinsifyer-Unternehmen erkennen Sie daran, dass sie den Wettbewerb nerven. Sie sind immer schon da und machen es besser als ihre Konkurrenten. An ihnen kommt der Wettbewerb einfach nicht vorbei, sie sind unangenehme Gegner, weil sie durch überraschende und neuartige Formen von Zusammenarbeit Lösungen finden, die den Druck auf den Wettbewerb erhöhen. Sie organisieren Zusammenarbeit so, dass sie beidem gerecht werden: der Arbeit und den Könnern im Team.

Sie bringen beides miteinander besser in Einklang als andere. Das ist ein permanentes Ausbalancieren, wie wenn Sie einen spitzen Bleistift auf der Fingerkuppe balancieren. Intrinsifyer bekommen das extrem gut hin, auch wenn es im Alltag alles andere als einfach und bequem ist. Sie sind erfolgreich am Markt UND sie machen außerdem ihre Talente und Könner zufrieden, weil sie ihnen einen Sinn anbieten und ihnen Freiheit zur Entfaltung geben. Sie stehen ihren Könnern nicht im Weg, sondern lassen (fast) alles weg, was zu Theater führen würde. Und dafür feiern wir sie.

Die New-Work-Perspektive dagegen hat den Markterfolg gar nicht im Blick. Natürlich sind auch viele von ihnen überaus erfolgreich. Aber die New Worker feiern nicht die Passung zum Markt, sondern die Passung zum Menschen.

Sie setzen stillschweigend eine Kausalität voraus, die noch nicht einmal eine Korrelation ist, dass nämlich Menschlichkeit zu Erfolg führe. Das aber ist in keinster Weise valide belegt. Und es gibt keine logische Theorie, die das begründen könnte. Das zu glauben ist eben nichts als guter Glaube.

Und aus diesem guten Glauben heraus erwächst eine Gefahr, die mir mehr und mehr Unbehagen bereitet. New Work wird nämlich rasend schnell zum Dogma: Dann musst du so sein, wie der Gründer oder die anderen im Team das von dir erwarten, wenn du dort arbeiten willst. Ein hoher normativer Druck entsteht.

Es gibt da eine sehr erfolgreiche Unternehmensgruppe, die ich jetzt nicht in die Pfanne hauen möchte, weshalb ich den Namen nicht nenne, die von vielen für ihre menschliche Kultur bewundert wird. Der Chef hat ein Faible für Spiritualität, wogegen natürlich überhaupt nichts zu sagen ist. Wenn Sie aber genau hinschauen, dann erwartet der Chef mindestens von seinen Führungskräften, dass sie ähnlich spirituell sind. Sie müssen auf dezidierte Kurse gehen und mehr oder weniger dem Ideal des Chefs entsprechen, um im Unternehmen geduldet zu werden. So etwas finde ich übergriffig und unanständig.

Darum kann für mich nur ein Intrinsifyer sein, wer seine Leute so lässt, wie sie sind. Wer sehr sorgfältig rekrutiert und längst nicht jeden einstellt, aber wer seine Mitarbeiter dann auch nicht verbiegt, weder in eine extrem menschliche Richtung noch in eine extrem versachlichte Managementrichtung. Ich will in einem Unternehmen des 21. Jahrhunderts vor allem individuelle Freiheit walten sehen. Dann folgen Menschen ihrem eigenen Sinn und bringen freiwillig Leistung. Nur so herum wird ein Schuh daraus.

Wenn ich Ihnen hier also noch weitere Beispiele zur Anregung vorlege, dann bitte ich Sie, durch die Intrinsifyer-Brille darauf zu schauen – so sind sie gemeint.

Leuchtfeuer

Diese Beispiele sind übrigens alle längst bekannt und publiziert, Sie finden im Internet jede Menge Stoff darüber. Darum reiße ich sie hier nur kurz an. Als Trüffelschwein für gute Beispiele bin ich eben so gar nicht geeignet. Und Sie brauchen auch gar kein Trüffelschwein!

Also los:

Da ist zum Beispiel Detlef Lohmann, der Geschäftsführer von *allsafe Jungfalk*. Er ist selbst Autor eines großartigen und preisgekrönten Buches mit dem Titel *Und mittags geh ich heim – Die völlig andere Art, ein Unternehmen zum Erfolg zu führen*. In seinem Unternehmen, das er auch in einem weiteren hervorragenden Dokumentarfilm über Pionierunternehmen namens *Musterbrecher* vorstellt, hat er die hierarchische Unternehmenspyramide kurzerhand auf den Kopf gestellt: Bei allsafe entscheiden die Mitarbeiter, die direkten Kontakt mit dem Kunden oder dem Produkt haben. Die Führungskräfte sind dabei Dienstleister und Helfer. Die Einteilung von Arbeitsschichten, Wochenendarbeit, Überstunden, Auslastung von Maschinen in der Produktionshalle und so weiter erledigen die Arbeiter an den Maschinen selbst. Jeder Mitarbeiter hat am Arbeitsplatz, und sei es direkt neben der Stanzmaschine, direkten Zugriff auf die Unternehmensdaten und kann voll informiert mitentscheiden.

Außerdem gibt es in diesem produzierenden Unternehmen keine Zeitdokumentation. Die in Teams aus vier bis zehn Leuten organisierten Mitarbeiter kommen und gehen so, wie es für den Kunden und die Zusammenarbeit und ihr Privatleben insgesamt sinnvoll ist. Niemand kontrolliert das, es herrscht gegenseitiges Vertrauen.

Und keineswegs ist allsafe ein Ponyhof: Die Teams haben einen hohen Anspruch an sich selbst, sich stetig zu verbessern. Die Mitarbeiter müssen sich voreinander verantworten und Ergebnisse liefern. Anstatt Vorgaben zu erfüllen oder Budgets auszuschöpfen, reden die Mitarbeiter miteinander. Und da wird bisweilen Tacheles geredet.

Weiter:

Solvis in Braunschweig ist ein Hersteller von Solarheizsystemen, ich kenne ihn seit bald zwanzig Jahren. Das große Thema der fünf Gründer war Teilhabe. Sie starteten das Unternehmen mit dem Grundgedanken, dass grundsätzlich jeder Mitarbeiter automatisch auch Gesellschafter sein soll. Das heißt: Jeder neue Mitarbeiter soll sich auch unternehmerisch engagieren und nach einer gewissen Zeit eine finanzielle Einlage leisten. Alle sollten das Gleiche verdienen, und wer Kinder hatte, bekam einen Zuschlag.

163

Das hatte durchaus etwas Kommunenhaftes. Aber im Laufe der Zeit zerrte und zog der Markt an dem Unternehmen, es wuchs stark und das Unternehmen musste an dem Beteiligungssystem immer weiter basteln und bauen und es weiterentwickeln, um dem Markt und den Mitarbeitern gerecht zu werden.

Unter den neuen Mitarbeitern waren auch viele, die sich einerseits sehr engagierten und unternehmerisch mitdachten, die andererseits aber nicht bereit waren, eine finanzielle Einlage zu leisten. Niemand wollte diese Kollegen aus reiner Prinzipienreiterei verlieren, also musste das Modell erweitert und ausdifferenziert werden. Der Kern aber blieb erhalten: Jeder Mitarbeiter, der will, kann eine Beteiligung erwerben. Nur der Automatismus wurde gestrichen.

In solchen Situationen ist große geistige Flexibilität gefragt, denn so etwas bedeutet: *Kill your Darlings!*

Die Veränderungen gingen weiter. Irgendwann war die Zahl der Mitarbeiter so groß, dass es notwendig wurde, Teams mit Teamleitern einzuführen. Ein Betriebsrat wurde gegründet, über Tarifverträge wurde diskutiert und damit war klar, dass das ursprüngliche Modell, dass jeder den gleichen Lohn bekommt, nicht mehr zu halten war. Was aber dennoch erhalten blieb, war der Zuschlag pro Kind.

Hier können Sie sehen, wie sich ein Unternehmen in einer sich permanent verändernden Situation einen ganz eigenen Weg sucht. Gerade das permanente Weiterentwickeln und Anpassen ist bei diesem Unternehmen das Spannende. Leitendes Prinzip dabei ist, die Mitarbeiter mit einzubinden, insbesondere auch bei Entscheidungen.

Genau das gleiche Thema beschäftigt auch *Grimme*, einen Weltmarktführer für Landmaschinentechnik, beheimatet im niedersächsischen Damme, mit rund 2200 Mitarbeitern weltweit, davon knapp 1500 am Stammsitz in Damme.

Über viele Jahre gab es dort ein klassisches Zielsystem: Die Strategie wurde zwischen dem Inhaber und der Geschäftsleitung diskutiert, daraus wurde Planung gemacht. Von der Planung wurden anschließend Zielvereinbarungen für die Führungskräfte abgeleitet, deren Erreichen an Boni gekoppelt wurde. Das klassische Management eben, so wie man es lernt und so wie *man* das macht.

Aber die Zeiten haben sich geändert und Grimme entwächst dem tayloristischen Zeitalter. Heute veranstaltet Grimme zweimal im Jahr eine große Zielkonferenz. Dazu werden rund 50 Führungskräfte aus allen Bereichen und aus verschiedenen Ebenen der Unternehmensgruppe eingeladen. Das Format der Konferenz ist Open Space, d.h. es gibt keine vorgefertigte Agenda, die Teilnehmer selbst schlagen die relevanten Themen vor. Dann finden Diskussionen statt. Die interessantesten Debatten ziehen die meisten Teilnehmer an, die wenig interessanten bleiben auf der Strecke, weil die Teilnehmer sie einfach verlassen können. Es herrscht das *Gesetz der zwei Füße*, das Ganze ist ein Marktplatz der Ideen. Jeder Teilnehmer überlegt sich: Wo kann ich etwas lernen oder etwas beitragen? Am dritten Tag werden die gewonnenen Einsichten herausgefiltert. Geschäftsführer und Geschäftsleitung tummeln sich mittendrin im Gewühl, ohne Machtausübung. Führung findet alleine durch Zuspruch statt: Wer etwas Wichtiges oder Dringliches zu sagen hat, dem hört man zu.

Wichtig ist auch hier zu verstehen: Open Space ist nur ein Werkzeug, das in diesem Kontext gerade funktioniert. Es ist kein Allheilmittel. Der Zweck ist wichtig und die Inszenierung muss gut gemacht werden. Mehrere Berater bereiten so eine Konferenz aufwändig vor. Am Ende kommt es nur darauf an, dass die Ergebnisse Grimme strategisch weiterbringen.

Genau das macht auch *Seibert Media* aus Wiesbaden. Dieses hundertköpfige Unternehmen entwickelt Firmen-Wikis. Würden alle Mitarbeiter zu hundert Prozent ihre Zeit mit fakturierbaren Tätigkeiten in Kundenprojekten verbringen, wäre keine Zeit mehr da, um sich Innovationen auszudenken, um kreativ zu sein oder sich weiterzubilden. Darum gibt es bei Seibert 20 Prozent *Slacktime* für alle Mitarbeiter. Das bedeutet: In dieser Zeit machen die Mitarbeiter, was sie wollen. Sie können ein Buch lesen oder sich ein Projekt ausdenken, sie können über strategische Themen reden, eine Konferenz oder eine User-Group besuchen oder selbst irgendeine Innovation entwickeln und vorantreiben. Wichtig ist, dass die Zeit mit etwas gefüllt wird, das kein normales Kundenprojekt ist, trotzdem aber

Kapitel 8: Kill your Darlings

etwas mit dem Unternehmen zu tun hat. Jedenfalls gibt es keine interne Referenz, die die Mitarbeiter zu irgendeiner bestimmten Tätigkeit nötigt.

Die Slacktime gibt den Mitarbeitern den Raum, sich Fragen und Herausforderungen zuzuwenden, für die sie sonst gar keine Zeit hätten, und hier wichtigen Input im Sinne des Unternehmens zu liefern. Sie fördert Selbstorganisation und Eigenverantwortlichkeit. Und was dem Unternehmen an fakturierbarer Arbeitszeit entgeht, bekommt es in Form von Ideen, Knowhow und motivierten, selbstständigen Mitarbeitern mehrfach zurück.

Selbstständig geht es auch im niederländischen Pflegeunternehmen *Buurtzorg* zu. Pflegedienste sind normalerweise sehr hierarchisch und sehr direktiv-autoritär-zentralistisch organisiert. Hier aber organisiert sich alles um die Pflegekraft vor Ort herum, denn die ist der eigentliche Kompetenzträger und weiß am besten, wie dem Kunden gute Pflegeleistungen geliefert werden können. In nur wenigen Jahren wuchs das Team von vier Pflegekräften auf heute rund 8000. Das Prinzip, dass alleine die hoch qualifizierten Pfleger und Pflegerinnen vor Ort in kleinen von den Pflegekräften selbst geführten Teams individuelle Lösungen für den Patienten finden, hat die Qualität der Pflege derart erhöht, dass auf der anderen Seite viel weniger Stundeneinsatz notwendig ist als üblich. Das führt zu enormen Einsparungen auf der Seite der Kostenträger.

Der Verzicht auf Managementstrukturen und die radikale Dezentralisierung von Entscheidungen hat bei diesem Unternehmen die Qualität der Arbeitsergebnisse so stark verbessert, dass der Wettbewerb rasant überflügelt wurde.

Auch bei *hhp Berlin* wird Autonomie groß geschrieben. Das ist das größte Ingenieurbüro für Brandschutz in Deutschland. Etwa 150 Mitarbeiter sind hier in kleinen Teams zwischen sechs und acht Mitarbeitern strukturiert, die sich selbst gefunden haben und sich selbst führen. Sie reproduzieren sich auch selbst, das heißt, sie stellen eigenständig Mitarbeiter ein.

Es gibt bei hhp keine festgeschriebenen Arbeitszeiten und -orte. Die Mitarbeiter entscheiden selbst, wie und wo es für sie und das Unternehmen sinnvoll ist zu arbeiten.

In Sachen Gehaltsfindung wiederum sind die Ingenieure dort ganz oldworkig. Das gehört offenbar in diesem Fall nicht zu dem individuellen Potpourri der Andersartigkeit.

Die Software-Entwickler von *it-agile* dagegen haben genau für dieses Thema eine eigene Lösung entwickelt: Das ganze Unternehmen funktioniert selbstorganisiert, komplett ohne Führungskräfte. Alle Mitarbeiter wählen gleichberechtigt für ein Jahr ein vierköpfiges Gremium, die *Gehaltschecker*, das über die individuellen Gehälter aller Mitarbeiter entscheidet. Dafür wurde ein feingliedriges Raster entwickelt, in das die Mitarbeiter eingeordnet werden. Wer der Meinung ist, dass jemand oder er selbst zu wenig verdient, kann eine Überprüfung durch die Gehaltschecker veranlassen. Wer wie viel verdient, ist für jeden einsehbar.

Der Verzicht auf Management und die komplette Selbstführung von Mitarbeitern und Teams ist auch beim weltgrößten Tomatenverarbeiter, der kalifornischen *Morning Star Company* ein bestimmendes Prinzip. Hier gibt es zum Beispiel keine Einkaufsabteilung. Bestellt wird von den Teams selbst. Zusätzlich gibt es eine strategische Gruppe, die Community of Interest, die überlegt, mit welchen Lieferanten die Teams denn überhaupt Rahmenvereinbarungen treffen könnten. Es wird ad hoc überlegt, wer denn im individuellen Fall am besten für Morning Star verhandeln sollte – was ja normalerweise eine zentrale Key-Account-Management-Position übernimmt. Die ausgewählten Mitarbeiter übernehmen temporär diese wichtige Rolle, verhandeln, erzielen ein Ergebnis und dann kehren sie wieder in ihre Teams zurück. Morning Star trennt also strategische Aufgaben von operativen Aufgaben, aber es gibt keine eigenen Abteilungen dafür, sondern es werden einfach die jeweils Fähigsten auf Zeit eingesetzt, so lange, bis die Aufgabe erfüllt ist.

Aus der alltäglichen Rolle in eine temporäre und besondere Rolle werden Mitarbeiter auch bei der *Wittenstein AG* geschickt. Der Mittelständler aus dem baden-württembergischen Main-Tauber-Kreis ist ein typischer Hidden Champion und liefert weltweit Technologien für elektromechanische Antriebssysteme. Jedes Jahr werden einige Nachwuchskräfte auf die Walz geschickt. Für drei Monate finanziert das Unternehmen einen

Aufenthalt in einem fernen Land eigener Wahl. Um diese Chance, auf Walz zu gehen, bewerben sich die Mitarbeiter und stellen sich dabei selbst eine Aufgabe, zum Beispiel: „Ich will die indische Arbeitskultur verstehen lernen. Ob die Pausen machen, welche Arbeitszeiten die haben. Wie sie ihre Arbeit strukturieren." Oder: „Kann man hochpräzise Planetengetriebe auch in Argentinien herstellen?"

Die Wandernden besichtigen Firmen, besuchen Vorlesungen in der Fremdsprache vor Ort, lernen Menschen kennen, erhalten Einblicke in fremde Kulturen, erhalten Gelegenheiten zum Querdenken. Und kommen vor allem als reifere Persönlichkeit wieder zurück.

Wie denken und fühlen Menschen in anderen Teilen der Welt? Wie funktionieren die dortige Kultur und das Arbeitsleben? Welche Werte zählen wo in der Welt? Wie wichtig sind Technik und Innovation?

Die Walz soll aus all diesen Fragen gelebte Erfahrungen machen, kulturelle Kompetenz fördern und die Persönlichkeit der Pioniere weiterentwickeln – um sich selbst und ihr Unternehmen als global agierenden Mechatronik-Konzern voranzubringen.

Komplizen

In all diesen Beispielen ist für mich ein starkes Grundprinzip sichtbar: Die Stärkung des Individuums und der individuellen Freiheit. Überall, wo Menschen freiheitlich zusammenarbeiten, entsteht auf ganz natürliche Weise Selbstorganisation, und zwar in vielfältigster Ausprägung. Sie können das nur mit einer einzigen Methode verhindern, wenn Sie partout keine Selbstorganisation haben wollen: mit Management.

Lassen Sie dagegen Management weg, entsteht automatisch ein autonomes, sich selbst führendes und über kurz oder lang effektiv funktionierendes Team.

Weggelassen haben die angeführten Beispielunternehmen etwa Budgets, fixierte Ziele, Personalabteilung, formalisierte Entscheider, zentrale Weisungsbefugnisse, Business Intelligence, Planung, Strategieprozesse, Machthierarchien, Börsennotierung inklusive Quartalsberichterstattung,

Bürokratie, Mission Statements, Organigramme, Stellenschreibungen, Dokumentation, Berichtswesen, Job Titles, Lagerhaltung, Geschäftsbereiche, Abteilungen, Controlling, Stäbe, Belohnung von Individualleistung, Vorgesetzte, Informationsbarrieren, Zuständigkeiten, Gehaltsverhandlungen, Vorgaben, Regeln, Ressourcenmanagement, Arbeitszeitvorschriften, -erfassung und feste Arbeitszeiten, Urlaubsgenehmigungen, Gehaltsbänder, Einkaufsabteilungen, Key-Account-Management … und vieles mehr, was ich nicht extra erwähne.

Die Menschen, die sich zum theaterfreien Problemlösen aus eigenem Antrieb zusammenfinden, brauchen das alles nicht. Stattdessen haben sie übereinstimmende Interessen. Sie lassen sich darum am treffendsten als *Komplizen* bezeichnen. Diesen Begriff hat die Hamburger Professorin für Kulturtheorie Gesa Ziemer aus dem strafrechtlichen Kontext auf die Zusammenarbeit ohne kriminelle Ziele übertragen. Komplizenschaften sind eine Sonderform von Teams, vereint durch eine gemeinsame Idee und sehr tatorientiert. Die Komplizen entwickeln eine kreative Lösung, ihre Zusammenarbeit ist durch höchstes Vertrauen und höchste Intensität gekennzeichnet. Aber sie existiert nur temporär, genau so lange, bis die Aufgabe gelöst ist.

Das Einzige, was Sie dabei beachten müssen: Sie können Komplizenschaften nicht *bilden*. Sie können derartige Gruppen nicht zusammenstellen und auf ein Projekt ansetzen. Sie können wenig Einfluss auf die Zusammensetzung der Teams nehmen. Das Einzige, was Sie tun können, ist ihre Entstehung zu verhindern, indem Sie sich einmischen, Vorgaben machen und damit den Vorhang zur Vorderbühne aufziehen.

Oder Sie geben ihnen Raum, zu entstehen, indem Sie hier und da und dann immer mehr Management weglassen, das heißt immer mehr Erwartungen an das Verhalten der Mitarbeiter fallen lassen. Hier das Projektmanagement streichen, dort die Zielvereinbarung und so weiter. Schauen Sie einfach, was dann speziell bei Ihnen passiert. Das ist Ihre Wahl.

Nur bitte: Spielen Sie nicht New Work! Wenn bei Ihnen von den Mitarbeitern erwartet wird, dass sie Tischkicker spielen und ihre Hunde mitbringen dürfen, dann haben Sie dieses Buch umsonst, nein sorry: vergebens gelesen.

Kapitel 9

Warum theaterarme Unternehmen profitabler sind

Mit allem, was ich bis hierhin geschrieben habe, will ich Ihnen nahebringen, dass es für Ihr Unternehmen, Ihren Job und für die Arbeit in der heutigen Wirtschaft insgesamt zwei Irrwege gibt:

Der erste Irrweg ist: Mitarbeiter und Führungskräfte spüren durch den Druck in dynamischen Märkten, dass ihr Unternehmen nicht profitabel genug ist, und das löst Stress aus. Der Holzweg, den nun viele entlangstolpern, ist: Das Unternehmen muss besser gemanagt werden, damit es effizienter wird. Also erhöhen sie die Anzahl und Intensität von eingesetzten Managementmethoden, um *professioneller* zu werden. Im Ergebnis sinkt die Profitabilität noch weiter und der Stress wird noch größer, denn ein immer größerer Prozentsatz der täglichen Tätigkeiten wird zu nicht wertschöpfendem Theater.

Der zweite Irrweg kommt gerade in Mode: Mitarbeiter und Führungskräfte spüren durch Druck in dynamischen Märkten, dass ihr Unternehmen nicht profitabel genug ist, und das löst Stress aus. Der Holzweg, den nun viele entlangstolpern, ist: Wir müssen das Unternehmen menschlicher machen, dadurch haben alle weniger Stress, und weniger gestresste Mitarbeiter erzielen ja wohl automatisch bessere Ergebnisse, was das Unternehmen hoffentlich am Leben hält.

Aber ob Sie Managementtheater aufführen oder Menschlichkeitstheater ist einerlei: Am Ende zählen nur die Resultate der Arbeit, also das, was für den Kunden relevant ist – also alles, was kein Theater ist.

Nicht menschlichere Unternehmen sind profitabler. Auch nicht besser gemanagte Unternehmen sind profitabler. Sondern theaterarme Unternehmen sind profitabler.

Der besonders attraktive Nebeneffekt dabei ist, dass theaterarme Unternehmen insgesamt *echter* sind, die Arbeit ist im ursprünglichen Sinne ehrliche Arbeit, also ehrenvolle Arbeit. Das führt zu Erfolgen, die sich für alle Beteiligten einfach besser anfühlen. Allerdings ist ehrliche Arbeit immer auch intensive, kommunikativ fordernde, bisweilen konfliktreiche Arbeit!

Was Erfolg eigentlich ist

Erfolg ist eben nicht nur Erfolg aus Sicht der Kapitalverzinsung. Die vier Elemente des echten und ehrlichen Erfolgs sind:

Erstens: Die *Inhaber des Unternehmens* sind zufrieden mit der geleisteten Arbeit, weil der Profit, also der Gewinn bzw. die Rendite auf das eingesetzte Kapital hoch ist und tendenziell schneller wächst als der Markt. Darum lohnt es sich für die Inhaber, ihr Kapital weiter einzusetzen oder gar noch mehr Kapital zuzuschießen. Das Unternehmen ist aus Investorensicht attraktiv.

Zweitens: Die *Mitarbeiter des Unternehmens* sind zufrieden mit der geleisteten Arbeit, weil sie stolz darauf sein können. Was sie geleistet haben, hat einen Sinn, leistet einen positiven Beitrag für andere. Es fühlt sich gut an, gemeinsam eine Aufgabe zu bewältigen, etwas geschafft zu haben. Die persönliche Identifikation mit den geschaffenen Werten ("Wir waren das!") sorgt für ein starkes Selbstwertgefühl. Darum finden die Mitarbeiter es sinnvoll, weiter für dieses Unternehmen zu arbeiten und das Wertvollste, das sie besitzen, in dessen Aufgaben zu investieren: ihre Zeit.

Drittens: *Die Kunden des Unternehmens* sind zufrieden mit der geleisteten Arbeit, weil sie ein Produkt oder eine Dienstleistung erhalten, die sie begeistert. Sie bewerten das Produkt dieses Unternehmens als dem des Wettbewerbers überlegen. Nur dieser knallharte Vergleich der unterschiedlichen Angebote, aus denen die Kunden wählen können, entscheidet über den Markterfolg. Dabei bewerten die Kunden bewusst oder unbewusst tausende von Kriterien: Qualität, Preis, Termintreue, Funktionalität, Prestige, Nachhaltigkeit, Flexibilität, Service und vieles, vieles mehr.

Viertens: Die *Gesellschaft* ist zufrieden mit der geleisteten Arbeit, weil sie den Wohlstand aller mehrt und den Lebensbedingungen der Gesellschaft gleichzeitig keinen Schaden zufügt. Dazu gehört, dass das Unternehmen einen Gewinn erzielt und darauf Steuern zahlt, um damit vor allem soziale, aber auch weitere Maßnahmen des Gemeinwesens zu unterstützen: die Finanzierung von Sicherheitskräften, Bildungswesen, Rechtswesen, Ausgleich mit den Nachbargesellschaften, Schutz der natürlichen Lebensgrundlagen und der biologischen Artenvielfalt und vieles mehr. Dazu gehört auch, dass alle Gesetze, Vorschriften und Verordnungen erfüllt werden, die in den Märkten, in denen das Unternehmen agiert, existieren. Steuervermeidung, Korruption, Umweltvergehen, Unterschreiten sozialer Standards und Gesundheitsrisiken machen die Gesellschaft unzufrieden mit der geleisteten Arbeit, was zu teils heftigen Gegenreaktionen führt.

Der entscheidende Punkt dabei ist, dass Sie im 21. Jahrhundert nicht mehr als erfolgreich gelten können, wenn Sie auch nur eines dieser vier Elemente missachten. Das führt automatisch über kurz oder lang zu Problemen mit den anderen Elementen. Daher ist die Reihenfolge der Nennung auch irrelevant.

VW hatte in den letzten Jahren kein Problem mit dem ersten Element, Profitabilität. Auch das dritte Element, Kundenzufriedenheit war hervorragend eingelöst, was sich in steigenden Absätzen ausdrückte. Aber das zweite Element, Stolz und Zufriedenheit der Mitarbeiter, krankte. Einige Mitarbeiter sahen sich gezwungen, die zu hohen Ziele des Managements zu erfüllen, indem sie Abgastests manipulierten. Unehrenhaftes Handeln ist die Folge von unehrenhaften Bedingungen des Handelns. Das mündete in die Missachtung des vierten Elements, weil mit den Abgasvorschriften Regeln der Gesellschaft gebrochen wurden. Durch den Skandal ist nun plötzlich auch das dritte Element betroffen, VW erleidet einen Absatzeinbruch. Hinzu kommen die zu zahlenden Strafen in Milliardenhöhe, weshalb nun auch die Unternehmenszahlen nicht mehr zufriedenstellend sind. Alle vier Elemente sprechen gegen *Erfolg*.

Ob die mit dem derzeitigen Stand der Technik unerfüllbaren Abgasvorschriften in den USA selbst eine gezielt gegen die deutsche Automobilindustrie gerichtete und damit feindliche wirtschaftspolitische Maßnahme der USA waren, ist diskutierbar, ändert aber nichts an der Tatsache, dass VW vor *Dieselgate* als erfolgreich galt und nach *Dieselgate* als nicht mehr erfolgreich gilt – und zwar völlig zurecht. Eigentlich war VW schon vor dem Abgasskandal kein erfolgreiches Unternehmen mehr, es war nur noch nicht offenkundig, weil die Zahlen noch gestimmt hatten.

Ein anderes Beispiel: Vor etwa zehn Jahren wurde vom schwedischen Mutterkonzern das AEG-Werk in Nürnberg geschlossen, fast zweitausend Mitarbeiter verloren ihre Arbeit. Auch heftige Proteste, Demonstrationen und die große Solidarität der ortsansässigen Bevölkerung änderten daran nichts. Die höher qualifizierten Mitarbeiter fanden auf dem Arbeitsmarkt neue Jobs, die anderen gingen zum Teil in Frührente oder werden anderweitig vom Sozialsystem per Transferleistung versorgt. Das Werk war ausradiert, die Arbeitsplätze verloren. So etwas ist ein für die Region und für die Mitarbeiter und Angehörigen einschneidendes Erlebnis. Noch heute sind ehemalige Mitarbeiter, wenn sie zum Beispiel in Radiointerviews anlässlich des zehnten Jahrestags der Werksschließung befragt werden, fassungslos. Sie berichten, dass sie zuerst gar nicht realisiert hatten, dass der Verlust des Jobs die Wirklichkeit war. Es war wie ein Aufwachen aus einer Traumwelt. Die Realität schlägt eben, wenn sie zuschlägt, mit der Wucht einer Abrissbirne zu.

Ein ehemaliger Manager erzählte dem Radioreporter mit vor Traurigkeit brüchiger Stimme, dass er zwar eine neue Arbeit gefunden habe, dass aber das Ende von AEG für ihn noch heute ein nicht verarbeiteter Verlust sei: „Wir waren damals wie eine große Familie." – Ganze Abteilungen fuhren sogar zusammen in den Urlaub und waren privat eng miteinander verbunden. Aus den Schilderungen ist zu entnehmen, dass es bei AEG ausgesprochen menschlich zuging.

Ganz offensichtlich war damals vor der Werksschließung das zweite Erfolgselement, Zufriedenheit der Mitarbeiter, vollumfänglich erfüllt. Es gab auch keine Umweltskandale oder Korruptionsfälle oder Probleme mit Kinderarbeit bei Zulieferern. AEG schien, zumindest so weit wir wissen, ein extrem *sauberes* und anständiges Unternehmen gewesen zu sein. Das vierte Element, Belange der Gesellschaft, war erfüllt, weshalb ja auch die Solidarität der Bevölkerung so groß war: Es wurden sogar Menschenketten um das Werk gebildet, um es symbolisch vor der Schließung zu schützen.

Aber diese *große Familie* kreiste offenbar zu sehr um sich selbst. Sie war zu sehr mit internen Referenzen beschäftigt. Anstatt innovative, wettbewerbsfähige Lösungen für die Kunden zu finden, wurden gemeinsame Urlaube organisiert, hohe Löhne gezahlt und zu wenig wertschöpfende Arbeit geleistet. Die Produkte waren nicht konkurrenzfähig, das dritte Element, die Belange des Kunden, hatte keine ausreichende Priorität. Darum waren die Unternehmenszahlen zu schlecht, das Werk war für die Inhaber kein lohnendes Investment, die Kapitalverzinsung war nicht ausreichend – die Missachtung des dritten Elements kippte das erste Element. Dann kam die Schließung, dadurch kippte das zweite Element. Und natürlich kippte am Ende auch das vierte, denn die Gesellschaft musste die Gestrandeten finanziell versorgen.

Das ist meine Botschaft an Sie: Arbeit muss alle vier Erfolgselemente erfüllen, um erfolgreiche Arbeit zu sein. Die vier Elemente hängen alle miteinander zusammen und bedingen sich gegenseitig. Zufriedene Mitarbeiter führen zu zufriedenen Kunden – ja, das stimmt. Aber das ist nur eine notwendige Bedingung, keine hinreichende! Vermutlich können unzufriedene Mitarbeiter auf Dauer kein gutes Produkt herstellen. Aber es gibt viele Fälle, AEG ist nur einer davon, in denen die Mitarbeiter zufrieden, die Kunden aber unzufrieden waren. Nur zufriedene Kunden bringen Profit. Nur Profit ermöglicht es, dauerhaft Geld für Mitarbeiter zu zahlen und gesellschaftliche Ansprüche zu erfüllen.

Die Konzentration auf nur ein oder zwei Elemente ist falsch. Diese eigentlich mit dem gesunden Menschenverstand ohne Klimmzüge zu fassende Erkenntnis ist aber leider noch lange nicht Common Sense.

Der Schlüssel, wie Sie allen vier Erfolgselementen am ehesten gerecht werden, ist die *Echtheit* der Arbeit: Je echter, desto erfolgreicher.

Bei euch brummt's aber!

Echtheit ist eigentlich kein Wort aus meinem Vokabular. Aber es ist das beste, um auf einfache Weise zu bezeichnen, was ich mit *Theaterarmut* meine.

Für individuelle Arbeit gibt es das Flow-Konzept des *Mihály Csíkszentmihályi*. Dieser mittlerweile emeritierte Professor für Psychologie an der Universität von Chicago hat mit seinem Buch *Flow* im Feld der Persönlichkeitsentwicklung und Lebenshilfe großen Einfluss ausgeübt. Das von ihm 1975 beschriebene *Flow-Konzept* war keineswegs neu, schon mehr als ein halbes Jahrhundert zuvor hatten beispielsweise der deutsche Pädagoge und Begründer der Erlebnispädagogik *Kurt Hahn*, die berühmte italienische Ärztin und Pädagogin *Maria Montessori* oder der einflussreiche US-amerikanische Begründer der Humanistischen Psychologie *Abraham Maslow* ähnliche Konzepte vorgestellt. Aber Csíkszentmihályi hatte nicht nur diesen unverwechselbaren Namen, mit dem man sich erstmal eingehend beschäftigen musste, um ihn aussprechen zu können, er hatte auch das Talent, sein Konzept mit einem griffigen Namen zu versehen und es öffentlichkeitswirksam zu erklären. Dafür gebührt ihm größter Respekt.

Flow kann entstehen – in aller Einfachheit –, wenn ein komplexes, schnell ablaufendes Geschehen vom Individuum so balanciert werden kann, dass es genau zwischen Überforderung und Unterforderung gehalten wird. Überforderung würde Angst auslösen, Unterforderung dagegen Langeweile. Beide Emotionen sind negativ und zerstören den Flow. Je schneller und komplexer innerhalb des positiven Korridors zwischen Angst und Langeweile ein Prozess abläuft, desto größer ist das Flow-Erlebnis: „Wow! Jetzt läuft's aber!"

Flow-Erlebnisse führen zu einer erhöhten Ausschüttung von so genannten *Glückshormonen* im Körper. Das heißt, eine Arbeit, die als Flow erlebt wird, verändert den Menschen auch messbar physiologisch. Dadurch können sogar hypnotische oder ekstatische Zustände erreicht werden, der Flow kann Menschen in eine Trance versetzen, die überaus positiv erlebt wird. Sie sprechen dann von *Leidenschaft*, von *Schaffensfreude* oder *Schaffenskraft*, von Aufgehen in der Arbeit, von Arbeiten *wie im Rausch*, von *ganz bei sich sein* oder schlicht von *Begeisterung*.

Ich möchte dieses Konzept vom Individuum gerne auf das Team übertragen: In einem theaterarmen Unternehmen, wo die externen Referenzen, also der Kunde und der Wettbewerb, in die erlebte Realität im Unternehmen unverfälscht, also *echt* hineinwirken, entsteht automatisch eine hohe Komplexität und eine hohe Geschwindigkeit der Arbeit. Die Realität zieht am Team, das Team folgt und arbeitet – anstatt sich mit Meetings, Berichten und so weiter aufzuhalten. Wenn nun die Organisation der Arbeit, also die Zusammenarbeit so passend gewählt wird, dass das Team auf Dauer weder unterfordert noch überfordert zusammenarbeiten kann und dabei das Gelingen kombiniert mit hoher Geschwindigkeit und hoher Komplexität erlebt, dann kann ein Team in einen Flow-Zustand geraten: „Bei uns läuft's aber!", „Wir haben's im Griff!", „Wir haben's drauf!", „Bei uns brummt's!"

Auf diese Weise entsteht eine emotionale Kopplung des einzelnen Mitarbeiters über das Team an die Arbeit. Und diese emotionale Kopplung ist die Voraussetzung dafür, dass die Arbeit alle vier Kriterien des Erfolgs erfüllen kann.

Die Kunst, ein Unternehmen zu organisieren, erfüllt sich also im Erzeugen von *Teamflow*.

Ein Klumpen ist kein Team

Ein Team übrigens, und das ist eine wichtige Erkenntnis, ist nicht etwa identisch mit einer Abteilung. Oft werden heute abgeteilte *Unternehmensklumpen* neumodisch als Teams bezeichnet, obwohl sie keine Teams sind, sondern nur ein Haufen von Mitarbeitern, die gar nicht aufeinander angewiesen sind, um Ergebnisse zu produzieren.

Ja manchmal werden Abteilungsgrenzen vor lauter Unverständnis mitten durch Teams hindurchgezogen. Da gehört dann der Software-Entwickler zu einem anderen Abteilungsklumpen als der Mechatroniker, dabei sind die beiden aufeinander angewiesen: Keiner kann gegenüber dem Kunden die Leistung alleine erbringen. Natürlicherweise bilden sie ein Team, das gemeinsam eine Leistung gegenüber einem Kunden erbringt.

Abteilungen dagegen haben oft zwar einen gemeinsamen Chef, an den alle reporten, sie haben die gleichen Ziele, weil sie ihnen vorgegeben werden, sie sind aber eigentlich nicht auf Zusammenarbeit angewiesen. Man versteht sich gut, denn man sitzt ja auf einer Etage am selben Flur, man sieht sich auch auf der Weihnachtsfeier und hängt am selben E-Mail-Verteiler – aber organisationell gesehen ist es in Wahrheit kein Team. Jeder kann die Aufgabe weitestgehend alleine erfüllen. Die Mitarbeiter brauchen sich nicht gegenseitig, um die Leistung zu erbringen, sondern lediglich, um die geforderte Menge zu schaffen. Sie sind nicht aufeinander angewiesen, sie arbeiten nebeneinander her.

Die fünfzehn Mechatronik-Entwickler arbeiten parallel, ohne Zusammenarbeit, nebeneinander her. Die einundzwanzig Softwareentwickler genauso. Die Chefs sprechen von zwei Teams, dem Mechatronik-Team und dem Team der *Softis*. Dabei gibt es in Wahrheit viel mehr Teams! Die Zusammenarbeit findet hier notgedrungen auf der Hinterbühne statt. Natürlich auch noch zusammen mit einigen Kollegen der Produktion, des Einkaufs, der Inbetriebnahme und des technischen Vertriebs. Wertschöpfung erzielt hier kein Einzelner. Nie erzielt heute ein Einzelner Wertschöpfung alleine!

Teams bearbeiten einen Kundenauftrag vollständig. Sie produzieren nicht zwingend jedes Teil selber, aber sie koordinieren sämtliche Wertschöpfungsbestandteile und sie vereinnahmen das Geld. Sie haben ein gemeinsames Ziel, das sich aus der externen Referenz ergibt, deswegen kann es Gewinn machen. Eine Vertriebsabteilung oder eine Personalabteilung oder eine Controllingabteilung kann nie Gewinn machen!

Und weil die wertschöpfende, *echte* Zusammenarbeit fehlt, können solche Abteilungen auch nie Teamflow erzeugen.

Eine dm-Filiale zum Beispiel ist ein wahres Team, denn sie hat alle Kompetenzen, um Wertschöpfung zu erzielen. Die Team-Mitglieder sorgen dafür, dass Kunden reinkommen, sie räumen die Regale nach eigenen Vorstellungen ein, sie legen die Preise selbst fest, der Kunde wird vollständig von der Filiale bedient. Die Zentrale bestimmt kaum etwas – sie liefert nur zu, was die Filiale wünscht, zum Beispiel Informationen oder Marketingleistungen.

Top-Teams arbeiten dabei immer an der Grenze der Überforderung. Das ist großartig, hier ist das Flow-Erleben am stärksten. Die damit verbundenen heftigen Emotionen können Sie beispielsweise im Sport erleben, wenn das Fußball-Team, das ein Jahr lang am härtesten im europäischen Wettbewerb an der Überforderungszone entlang im Flow-Zustand gearbeitet hat, im Frühjahr die Champions-League-Trophäe in den Himmel reckt. Oder wenn das Formel-1-Team, das eine Rennsaison lang permanent an der Überforderungszone entlang gearbeitet hat, nach dem letzten Rennen den Weltmeistertitel erntet. Das ist jedes Mal unglaublich emotional. Ich freue mich jedes Mal mit, egal wer der Gewinner ist, diese Freude ist überschäumend und echt.

In der Wirtschaft gibt es diese Erlebnisse auch.

Aber dabei ist immer auch die Kunst gefragt, die Arbeit nicht in die Überforderungszone abrutschen zu lassen. So ein Ingenieurteam in der Formel 1 braucht Motoren-, Aerodynamik- und Rennkompetenz. Wenn nur eines davon fehlt, läuft das Team in die Überforderung und dann ist der Frust groß und der Flow weg.

Ein Team, das im Flow-Korridor an der Überforderungsgrenze entlangarbeitet, hat keine Zeit für Meetings, nur weil sie im Kalender stehen. Es hat keinen Nerv für Reports, nur weil irgendjemand behauptet, dass sie sein müssen. Das Team darf sich konzentrieren: auf das extern vorgegebene Problem. Das ist der Sinn der Zusammenarbeit. Der Sinn entsteht, wenn man immer, jeden Tag, jede Stunde das relevante Problem vor Augen hat. Und die gemeinsame Begeisterung, der Teamflow entsteht, wenn echte Ergebnisse echter Arbeit geliefert werden.

So ein Team ist sozial dicht: Jedes Teammitglied als Einzelperson erlebt sich immer als einen notwendigen Teil des Teams. Alle loben sich gegenseitig und haben Wertschätzung füreinander übrig. Alle kritisieren sich auch recht hart, allerdings ohne die Person anzugreifen, denn die Mitgliedschaft im Team wird so schnell nicht in Frage gestellt: „Wir brauchen jeden Einzelnen, auch jeden Ersatzspieler, jeden Masseur, jeden Zeugwart", sagen alle erfolgreichen Fußballtrainer.

Das Team lebt. Das heißt nicht, dass jeden Tag Friede-Freude-Eierkuchen herrscht. Gerade in Top-Teams fliegen öfter mal die Fetzen. Und die streiten auch nicht nur laut und deutlich, da wird auch mal geschwiegen, denn ein gutes Team besteht immer aus unterschiedlichen Typen von Menschen. Ganz wie im echten Leben. Dadurch entsteht soziale Spannung. Es gibt keinen Normalfall. Ein soziales System wäre tot, wenn es normal wäre. Immer passiert irgendetwas Besonderes, das System ist immer in Bewegung, wie im Fußball nach dem Anstoß. Die Form der Zusammenarbeit ist nie statisch wie bei einem Tischkickerspiel. Sie ist immer wie Jazz, nie wie Symphonieorchester. Die Kommunikation ist lebendig, sie folgt keinen vorgegebenen Abfolgen. Sie ist voller Launen, Wendungen und Überraschungen. Wie eben beim Jazz.

Beim Jazz sind an manchen Abenden in manchen Clubs bisweilen mehr Menschen auf der Bühne als im Publikum. Eine Folge der Hörgewohnheiten des Mainstreams. Aber das ist vollkommen egal. Dennoch kann höchstklassiger Jazz und gleichermaßen Teamflow entstehen, weil die Combo gemeinsam unmittelbar an einem Problem arbeitet, an einer gemeinsamen Aufgabe: dem Song.

Es ist schön, wenn die paar Leute, die zuhören, dann auch noch klatschen, aber es kann auch ohne dies für die Musiker der coolste Gig seit Jahren sein.

Denn die Arbeit selbst ist das Befriedigende, Begeisternde, Erfüllende. Ein Lob oder eine Belohnung sind nett, aber nicht wirklich wichtig. Keiner der Musiker kommt nur wegen dem Applaus – sonst hätte er eine andere Musikrichtung oder ein ganz anderes Entertainmentfach gewählt, vielleicht Schlager oder Comedy.

Das heißt nicht, dass das Team nicht belohnt werden darf. Aber Sie dürfen einem Team eben keine *Leckerlis* hinwerfen, damit es *Männchen* macht. Das würde nur zur Abrichtung auf den Bonus führen, das eigentliche Problem rückt unweigerlich in den Hintergrund. Dann ist die Unmittelbarkeit weg, die externe Referenz kann nicht mehr durchschlagend wirken, und schon kann kein Teamflow mehr entstehen.

Das mittelbar durch einen Bonus angereizte Team kann unmöglich motivierter sein als das unmittelbar durch das Problem herausgeforderte Team. Führungskräfte, die sich der Sozialtechnologie des Managements bedienen, können Teamflow nicht aktiv und zielgerichtet erzeugen, lediglich zerstören. Deswegen gibt es im Jazz auch keinen Dirigenten.

Führung dagegen gibt es beim Jazz natürlich schon! Und zwar ständig. Aber eben fluid, nomadisch, temporär wechselnd. Eine Führungskraft, die von Amts wegen führen *soll*, deren Funktion das Führen bzw. das Managen ist, gibt es eben dort nicht, weil Führung nur situativ durch das Folgen von anderen zustande kommt. Freiwillig.

Zurück an die Arbeit!

Gut, was bringt Ihnen das alles?

Wenn ich Ihnen mit diesem Buch die eine oder andere Inspiration mit auf den Weg geben konnte, wie Sie das Theater aus Ihrer Organisation vertreiben können, dann bringt Ihnen das vor allem eines: mehr Arbeit!

Aber das sollte Motivation genug sein. Denn mit Arbeit meine ich ehrliche Arbeit. Und ehrliche Arbeit ist das Ergebnis von Zusammenarbeit, die Freude macht.

Ich schrieb ja schon eingangs:

Arbeit muss wieder Freude machen. Sie muss funktionieren, Sinn ergeben und sich dauerhaft lohnen. Meine Vision sind viele, viele von Arbeit beseelte Menschen in erfolgreichen Firmen. Ich wünsche mir, dass möglichst viele Menschen im Gefühl, etwas Sinnvolles gerne und aus freien Stücken zu tun, dazu beitragen, dass es ihnen selbst und vielen anderen Menschen besser geht.

Das bedeutet konkret:

Für die Mitarbeiter gibt es mehr Momente des Teamflows, wenn jeder Einzelne und alle zusammen gemeinsam echter sein können, also während der Arbeit ganz bei sich sein können – weil keine gut gemeinten, aber im Effekt kläglichen Managementmaßnahmen den Teamflow zerstören.

Für das Unternehmen gibt es schnellere und bessere Problemlösungen. Das ist vor allem in den Märkten wichtig, in denen es gerade immer dynamischer zugeht – und das betrifft die allermeisten Märkte, vermutlich auch Ihren. Mit einer echteren Organisation gibt es viel weniger soziale Verschwendung, die Organisation arbeitet somit effizienter, obwohl das nur ein gern gesehener Nebeneffekt und gar nicht das primäre Ziel ist. Es gibt auch die Chance auf deutlich mehr Innovation, weil in theaterarmen Organisationen mehr lebendige statt artifizieller Kommunikation stattfindet.

Für den Kunden bedeuten schnellere, bessere, innovativere Problemlösungen eine Erleichterung des Lebens. Theaterarme Unternehmen können individuellere Lösungen liefern, die Passgenauigkeit der Produkte zum Kundenbedarf wird immer besser.

Für die Gesellschaft haben theaterarme Unternehmen auf Dauer einen höheren Wert. Sie neigen weniger zu kriminellen Handlungen und bleiben näher an den aktuell relevanten gesellschaftlichen Themen. Weil theaterarme Unternehmen offen bleiben und unmittelbar durch die externe Referenz zu einer Reaktion gereizt werden, können sie sich nicht als Parallelgesellschaft verselbstständigen, in denen andere Kodizes vorherrschen als in der Öffentlichkeit.

Prinzipiell ist nämlich zwischen der Organisation eines Hedgefonds, Volkswagen, Siemens oder der Deutschen Bank auf der einen Seite und der Camorra, der Cosa Nostra, dem Medellín-Kartell oder der Triade auf der anderen Seite kein so großer Unterschied. Natürlich wurden die genannten Unternehmen nicht zum Zwecke der organisierten Kriminalität gegründet, aber eine signifikante Parallele gibt es schon: Es scheinen in allen diesen Organisationen interne Referenzen, also Machtstrukturen, Rituale, Gesetze und Kodizes zu existieren, die für die Akteure oft höhere Relevanz besitzen als die Gesetze der offenen Gesellschaft: Ein Managementziel MUSS erreicht werden, und sei es unter Missachtung staatlicher Gesetze, sonst fliegt der Mitarbeiter raus.

In einem theaterarmen Unternehmen dagegen herrscht eine so große Transparenz, dass eine derartige Aufspaltung zwischen öffentlicher Ordnung und unternehmensinterner Ordnung nicht möglich wäre. Echtere Unternehmen sind also mit einer höheren Wahrscheinlichkeit auch sauberere Unternehmen.

Der Nutzen für die Kunden, der Stolz der Mitarbeiter, das gute Gewissen und die Bereicherung aller Beteiligten in finanzieller, aber auch nicht-materieller Hinsicht greifen darum ineinander.

Dies ist ein hehres Motiv. Aber ich finde, das ist ein lohnendes Motiv. Ich weiß nicht, was Sie mehr motivieren könnte, die Organisation von Zusammenarbeit in Ihrem Unternehmen Stück für Stück von Managementtheater zu befreien.

Und Sie beginnen definitiv nicht bei null! Jedes Unternehmen hat schon solche theaterarmen Inseln. Denn sonst würde es gar nicht überleben können! Und diese Inseln, diese Labore, diese Hinterbühnenecken, die könnten Sie beschützen und stärken.

Dafür ist kein Change Management nötig, die Arbeit ist schon da, schauen Sie einfach nur genau hin!

Brechen Sie die Tabus, die diese Inseln bedrohen!

Nehmen Sie sie sich zum Vorbild!

Bauen Sie die echte Zusammenarbeit aus!

Suchen Sie sich Verbündete!

Spüren Sie dem Gefühl von Echtheit nach, wo immer Sie es in Ihrem Unternehmen finden!

Lassen Sie sich von der Begeisterung anstecken!

Kehren Sie zurück an die Arbeit!

Zurück an die Arbeit! - Ein Manifest

1. **In euren Unternehmen wird viel zu wenig gearbeitet.** Das ist gefährlich. Denn neue Wettbewerber, bei denen deutlich mehr gearbeitet wird, werden euch die Kunden abjagen.

2. **Die meisten Menschen wollen viel mehr arbeiten, als sie dürfen.** Freiwillig! Hört auf, ihnen zu unterstellen, sie würden nur arbeiten, wenn ihr sie zwingt, unter Druck setzt oder sie mit Anreizen motiviert!

3. **Arbeit besteht daraus, Wertschöpfung für Kunden zu erbringen – alles andere ist Verschwendung.** Meetings, Mitarbeitergespräche, PowerPoint-Basteleien, Berichte schreiben, Planung – das alles (und noch viel mehr) ist keine Arbeit, sondern Verschwendung!

4. **In euren Unternehmen werden die Mitarbeiter systematisch von der Arbeit abgehalten.** Sie werden von der Organisation zu verschwenderischen Tätigkeiten gezwungen. Oft verbrauchen diese mehr als 50 Prozent der Arbeitszeit.

5. **Menschen, die systematisch von der Arbeit abgehalten werden, müssen so tun, als ob sie arbeiten.** Sie spielen Theater, weil das letztlich von ihnen erwartet wird. Wenn sie nicht mitspielen, verlieren sie ihren Job.

6. **Menschen, die im Job zu viel Theater spielen müssen, leiden und werden auf Dauer krank.** Wo Menschen leiden und krank werden, müssen sie meist nicht zu viel arbeiten, sondern werden im Rahmen ihrer Theaterrollen in Verhaltenserwartungen gedrängt, die sie auf Dauer zermürben.

7. **Eure Unternehmenskultur ist nicht schuld am Theater.** Sie ist nur eine Folge und ein Ergebnis davon. Es nützt also nichts, die Kultur zu verändern. Außerdem ist das zielgerichtet ohnehin unmöglich.

8. **Euch theaterlastigen Unternehmen werden die Leistungsträger ausgehen.** Denn die besten Mitarbeiter haben am wenigsten Lust auf Theater. Sie finden am leichtesten neue Jobs, in denen sie mehr Wertschöpfung erbringen dürfen.

9. **Auf alle sinn- und zwecklosen Unternehmen wird die Wirtschaft früher oder später verzichten.** Die einzige Chance, wieder zurück zu Arbeit zu kommen, besteht in der Rückbesinnung auf den ursprünglichen Zweck, zu dem das Unternehmen einst gegründet worden ist: Echte Zusammenarbeit.

10. **Sinnvolle Arbeit macht Theater im Unternehmen überflüssig.** Wo alle für die gleichen Werte, die gleichen Ziele und den gleichen Zweck arbeiten, dort verzichten Unternehmen auf Verhaltenserwartungen an die Mitarbeiter. Wo es keine Verhaltenserwartungen an die Mitarbeiter gibt, verschwindet das Theater von selbst.

New York, Ecke 9th Avenue / 48th Street

Wir schreiben den 29. April 2014. Spätnachmittag. Nach einem hoch spannenden Tag ohne jedes Theater sitze ich mit meinem Freund Niels in einer der vielen wunderbaren Bars in Manhattan. Wir essen ein wohl verdientes, deftiges Südstaatenessen, nehmen ein paar Happy-Hour-Drinks und klönen miteinander.

Nebenbei beobachten wir zuerst mit einem halben Auge, dann mit immer mehr Interesse und schließlich ungläubig, was sich auf dem großen Flachbildschirm abspielt, der schräg gegenüber an der Wand hängt: Das Europäische Champions-League-Halbfinale wird übertragen. Allianz-Arena in München. 68.000 Zuschauer. FC Bayern gegen Real Madrid.

Immer, wenn wir hinschauen, haben die roten Bayern den Ball. Aber dann steht es plötzlich 0:1 für Real. Nach einer Ecke steigt Sergio Ramos am höchsten, Kopfball, Tor. Vier Minuten später, wieder Kopfball Ramos, 0:2!

Und immer noch haben die Bayern dauernd den Ball und dominieren das Spiel. Eine Viertelstunde geht das so, die *Königlichen* in den weißen Trikots rennen dem Ball nur so hinterher, die Bayern schwingen den Taktstock und spielen sich Chance um Chance heraus. Doch dann gewinnt Real im eigenen Strafraum den Ball und trägt einen wunderschönen, rasend schnellen, raumgreifenden Konter vor. Vier Stationen – Angel Di Maria, Karim Benzema, Gareth Bale, Cristiano Ronaldo – 0:3!

Dann ist Halbzeit. Eigentlich ist der Käse gegessen. Die Bayern sind so gut wie geschlagen. Real steht mit mehr als einem Bein im Finale. Wir blicken noch kurz hoch, als die Spielstatistiken der ersten Halbzeit eingeblendet werden: Ballbesitz – Bayern klar vorne. Gewonnene Zweikämpfe – Bayern klar vorne. Gelaufene Kilometer – Bayern klar vorne. Eckbälle – Bayern klar vorne. Flanken – Bayern klar vorne. Ballkontakte – Bayern klar vorne. Torschüsse – Bayern klar vorne.

In keiner einzigen Rubrik der Statistik hat Real Madrid auch nur einen Blumentopf geholt. Nur in der einzigen Statistik, die irgendetwas zählt, nämlich bei den erzielten Toren, steht Bayern bei null und Real bei drei. Niels und ich schauen uns verblüfft an.

Und dann sagen wir beinahe zeitgleich fast dasselbe: „Das ist ja wie beim Management!"

Wie stellen uns feixend vor, wie Pep Guardiola in der Pause die Statistik mit einer PowerPoint-Folie an die Wand wirft und seinem Team Feedback gibt: „Wir habe den Ball super super behauptet, ich finde fantastisch! Super in de Zweikämpfe, gratuliere! Dafür es gibt Bonus! Und die gelaufene Kilometer! Ihr seie super super super engagiert. Ihr wisse, Unternehmen FC Bayern AG euch danke dafür! Dann es ist Wahnsinn Wahnsinn was die Bilanz von de Torschüsse. Ich finde fantastisch, wie viele Chancen was ihr herausspiele. Weiter so! Wir alle sind auf einem super super super Weg! Gehe raus und spiele weiter!!"

Die Spieler in unserem Geiste schauen sich verblüfft an. Und wir lachen giggelnd los. Es ist einfach zu absurd, aber genau so läuft es, wenn sich Führungskräfte einmischen, weil sie fest daran glauben, sie müssten managen.

Ein gutes Team, das echte, ehrliche Arbeit leistet, braucht keine durch's Management gefilterten Rückmeldungen, um die Realität zu bewerten. Es braucht kein Lob und keine Aufmunterungen. Ein gutes Team weiß, dass es 0:3 steht.

Einem Vertriebler brauchen Sie die Lage nicht spiegeln, er schaut einfach auf seinen Tages- oder Wochenumsatz und weiß Bescheid. Es braucht keinen Report, es braucht kein Feedback-Gespräch, es braucht kein fixiertes, von oben vorgegebenes Ziel, es braucht kein Motivationstraining, es braucht keine Weiterbildungsmaßnahme, es braucht keinen Bonus, es braucht nichts von alledem.

Es genügt, dass die harte Realität transparent bis zu jedem Mitarbeiter vordringen darf. Ein Fensterputzer weiß, dass ein Fenster schmutzig geblieben ist. Ein Ingenieur weiß, dass sein neuer Entwurf um einen Quantensprung besser ist als der letzte. Ein Grafiker weiß, dass seine Skizze eine halbgare Notlösung ist. Ein Kundenservice-Mitarbeiter hört die Freude in der Stimme des Kunden, wenn das Problem gelöst ist. Ein Statiker weiß, dass er für die neuen Pläne nur die Hälfte der üblichen Zeit gebraucht hat. Die Sekretärin bekommt es mit, wenn der Chef einen wohlsortierten Terminkalender hat. Sie brauchen einem Könner nicht erzählen, wie es steht. Wenn ein Tor gefallen ist, dann ist das klar.

Die Arbeit selbst ist Kritik und Belohnung genug.

Wenn Sie nun der Meinung sind: Naja, das ist eben Fußball und bei uns ist eben Business, und das ist ja wohl was vollkommen anderes! – Dann sage ich: Moment! Ihre Arbeit hat mehr mit Fußball zu tun, als Sie glauben. Und viel weniger mit Management, als man es Ihnen viele Jahre lang weißgemacht hat.

Machen Sie also bitte jetzt kein Theater!

Über den Autor

Foto: Angela Wulf

Lars Vollmer gilt als einer der profiliertesten Wirtschaftsvordenker im deutschsprachigen Raum. Er schaut in seinen Büchern, Auftritten, Kolumnen und Video-Botschaften mit einer ganz eigenen, frischen Perspektive auf Wirtschaft, Unternehmen und Arbeit.

„Er nennt beim Namen, was in den meisten Firmen nicht ausgesprochen werden darf, obwohl es gelebt wird", schrieb die *Berliner Morgenpost*.

Ihm geht es um *das Neue* bei der Arbeit, in der Firma, in der Wirtschaft. Dabei scheut er nicht die geistige Auseinandersetzung: Warum gehören Organigramme in die Schublade? Warum ist Planung Selbstbetrug? Warum sind Chefs mit der Führung von Menschen so häufig völlig überfordert? Wieso sollten Mitarbeiter über ihr Gehalt selbst entscheiden? Warum treffen Manager immer häufiger katastrophale Fehlentscheidungen? Wann ist Arbeit echte Arbeit und wann ist sie nur Theater? Und was hilft gegen all das?

Lars Vollmer ist gefragter Redner auf internationalen Kongressen und Unternehmensveranstaltungen. Er ist leidenschaftlicher Jazzpianist und Musik-Kenner, liebt Wortwitz, schlichtes Design, guten Kaffee und New York. Er fährt kein altmodisches Auto mit Verbrennungsmotor und lebt in Barcelona.

Mehr über den Autor unter larsvollmer.com